U0159974

内藤广的『脑』与『手』

内藤广 [日] 著

王笑梦 马 涛——译

中国建筑工业出版社

丛书序

在建工社一直从事日文版图书引进出版工作的刘文昕编辑，十余年来与日本出版界和建筑界频繁交往，积累了不少人脉，手头也慢慢攒了些日本多家出版社出版的好书。因此，想确定一个框架，出版一套看起来少点儿陈腐气、多点儿新意的丛书，再三找我商议。感铭于他的执着和尚存的理想，于是答应帮忙，组织了几个爱书的学者、建筑师，借助他们的学识和眼光，一来讨论选书的原则，二来与平面设计师一道，确定适合这套图书的整体设计风格。

这套丛书的作者可谓形形色色，但都是博识渊深、敏瞻睿哲的大家。既有20世纪80年代因《街道的美学》《外部空间设计》两部名著，为中国建筑界所熟知的芦原义信，又有著名建筑史家铃木博之、建筑批评家布野修司，当然，还有一批早已在建筑世界扬名立万的建筑师：内藤广、原广司、山本理显、安藤忠雄……

这些著作的文本内容，大多笔调轻松，文字畅达，普通人读来，也毫无违碍之感，脱去了专业书籍一贯高深莫测的精英色彩。建筑既然与每一个人的日常生活息息相关，那么，用平实的语言，去解读城市、建筑，阐释自己的建筑观，让普通人感受建筑的空间之美、形式之美，进而构筑、设计美的生活，这应该是建筑师、理论家的一种社会责任吧。

回想起来，我们对于日本建筑，其实并不陌生，在20世纪八九十年代，通过杂志、书籍等媒介的译介流布，早已耳熟能详了。不过，那时的我们，似乎又仅限于对作品的关注。可是，如果对作品背后的建筑师付之阙如，那样了解的作品总归失之粗浅。有鉴于此，这套丛书，我们尽可能选入一些有关建筑师成长经历的著作，不仅仅是励志，更在于告诉读者，尤其是青年学生，建筑师这个职业，需要具备怎样的素养，才能最终达成自己的理想。

羊年春节，腰缠万贯的中国游客在日本疯狂抢购，竟然导致马桶盖一类的普通商品断了货，着实让日本商家莫名惊诧了一番。这则新闻，转至国内，迅速占据了各大网站的头条，一时成了人们茶余饭后的谈资。虽然中国游客青睐的日本制造，国内市场并不短缺，质量也不见得那么不堪，但是，对于告别了物质匮乏，进入丰饶时代不久的部分国人来说，对好用、好看，即好设计的渴望，已成为选择商品的重要砝码。

这样的现象，值得深思。在日本制造的背后，如果没有一个强大的设计文化和设计思维所引领的制造业系统，很难设想，可以生产出与欧美相比也不遑多让的优秀产品。

建筑亦如是。为何日本现代建筑呈现出独特的性格，为何日本建筑师屡获普利兹克奖？日本建筑师如何思考传统与现代，又如何从日常生活中获得对建筑本质的认知？这套丛书将努力收入解码建筑师设计思维、剖析作品背后文化和美学因素的那些著作，因为，我们觉得，知其然，更当知其所以然！

黄居正

2015年5月5日

前言

时不时地会见到一类人，他们总能迅速地理解身边发生的事情以及观念性的思想，并巧妙地采取适当的对应措施。这样的人，其记忆力、判断力及理解力都比常人要强吧，我只有羡慕了。但是，在感到遗憾的同时，任凭我怎么用心去猜想为什么会这样，也总不得要领。由于自小在体检时被查出了慢性鼻炎，我经常鼻塞、头痛不适，因此记忆力不是很好，要记住什么事情必须比别人多用一倍的努力。在梳理事情或者整理数码相片的时候，总是不得法，好像比别人慢一拍，我想也许就是这个原因吧。也因此，我小时候非常不善于吵架，当然并不是说我是和平主义者，而是有点急性子吧，或许也有好胜的成分。然而，即使是生气了，我也做不到当场用语言来反击，经常是过了一会，自己反复默默地想，要是那样说就好了，要是这样做就好了，如此这般。直至今天也还是这样，压力不停地积累，我只能感叹人生是不能自由自在和随心所欲的。

虽然觉得这种状况一直紧紧地包围着自己不肯离去，但也不总是坏事。因为在发呆的过程中，大量的信息流经自己的身体，可以通过身体而非意识来收集信息，我想这是自己为了生存下去而在无意识中掌握的方法吧。对我来说，外界的事物及对象并不能立刻给予我鲜明的轮廓，而是需要我敞开心扉来感知外界，因此，稍微的发呆对我或许更好些。

在这个发呆的过程中，觉醒的意识将视觉获得的信息即刻进行语言化、分类，并要求大脑对该对象进行理解。据说人从视觉获得的信息占所有感官获得信息的七成以上，所以说人类是作为视觉动物进化来的，如果对此能够进行有效的处理，就会获得很高的效率。另一方面，发呆的大脑还会堆积除此以外的大量信息，如风、湿度、气味、触觉等，就像美丽的风景，虽然摄人心魄，但首先要从感知其状态入手。面对自己生闷气的人，通过其语言所表达的内容及理论，可以理解其心情好坏的程度。好也罢，坏也罢，不能否认，这样的习性已经与人类本身密不可分了。

阿道司·赫胥黎（Aldous Leonard Huxley）在著名的《知觉之门》中说："虽然生物是由于获得了继续生存的必要信息而进化来的，但感觉器官通常应该获得比意识化的东西要多得多的信息。"我也这么认为。

从社会功能方面来看，我的方法无论如何效率都不高，即使是很容易整理好的事情，我也总是做不好，反而是不断地积攒一些无法丢弃的或是丢弃不完的东西。这样，平常应该排除的事情或者应该忘记的零碎记忆，就在我的头脑中越积越多，如皮肤的触感以及那时空气的质量等，虽然无法用语言来形容，但是却能停留在我的身体和记忆的片段里。如果用电脑来比喻，就是消除功能无效了，而储存空间又没有那么大的容量，想做什么的时候，总是显示空间满了的状态。

虽然最近才开始明白，但这些事情都与我在考虑建筑时的思考方法以及在设计建筑时产生的对各种事物的对应方法紧密相连。

不过，这种把握状况的方法有一大缺陷，即缺乏安定感。因为那些亲身体验获得的信息无法印刷在纸上保存下来，而隐藏在气氛之下的许多信息是变化的、动态的、流动的，会随着时间的流逝而慢慢淡漠。如果像垒石头一样禁锢自己的思考，或者进行无数次反反复复的改动，对于设计来说都是不合适的——应该说是真的不恰当。因为在进行设计工作时，在一定的时间内保持坚定的意志是不可欠缺的。当然，也并不是说仅在此基础上，就能进行建筑设计及景观设计了。

通过感知和身体感受获得的信息，如果保持原样不动，并不能自动变成设计，也不能变成造型，而是必须对从外界获得的东西进行体悟、咀嚼，然后再还原到外界。因此，回路是必要的，画出示意图就是设计回路，此外无他。通过模糊感觉获得的事物，或者即使努力也没有理解的事物，再或者直观之外无法获得的事物，均需要通过图来理解，否则，不可能取得进展。

冈仓天心曾在一次讲课的时候，只准备了一张图，基于该图却讲了几个小时；路易斯·康（Louis Kahn）在思考关于静谧与光明的哲学思想时，也借助了图的作用；我的老师吉阪隆正总是画一些容易理解的幽默画来教授知识。当然，我画的图不应该跟这些大师画的图比，不过真要对比的话，都极不完全，缺乏说服力。我想我画的图在别人看来，大多数可能显得很幼稚，根本看不出要说的意思。然而，也许读者反而会觉得亲切，因为留有很多修改、补全、质疑的余地。

也有一些事是经过一定的时间后才明白的。重新再来看年轻时候画的图，非常清楚不可能再回到原来那些不可思议的事情中去了，但画出来的东西一定会成为以后获得成果的基础。在陷入苦战的胶着状态时，这些也可能成为打开缺口突破重围的动力，而且，有时候会变成一种契机，使得以前从来没有看到过的境界在我的面前展现出来了。画图的过程也是踏入迷宫寻找自己的过程，是构筑世界和自己关系的航行。

目录

结构示意图 080

结构·设备·意匠 086

图纸形象 092

古尔德（Glenn Gould）以及皮亚佐拉（Astor Piazzolla） 098

CD-ROM中的时间 105

建筑风格 110

三个分区 115

建筑·城市·土木 120

教学 127

WTC（美国世贸中心） 135

网络 140

丰洲网格 145

手的复权 150

加贺的自画像 155

报告会 161

丛书序 002

前言 004

两头魔物 014

生与死 · 人类与自然 020

无论什么事都记笔记 026

红与白 030

纹理模式 036

突然的墓地论 040

固体 · 液体 · 气体 044

神与Kami 051

WAVE 057

东北地区的西部内陆区域 063

建筑与生命与熵 069

海博集落素描 075

优秀设计奖　166

关于住宅　172

Architecture与Design　177

三个广场　186

25673点　191

3·11模式　195

半格（Semi-lattice）结构与树状（Tree）结构　200

志向与金钱　204

后记　209

两头魔物 [1]

1 魔物原本是指"妖怪""怪物"等，在文字表现上也指具有异常的能力。此处特指对于人的思想有巨大影响的潜意识。

从我设立事务所独立从事设计至今已有 30 多年了。在这条漫长的道路上，我碰到过各式各样的事情，委托人、用地条件、经济条件等工作条件没有一件是一样的，规划设计的项目各不相同，呈现出的作品各自迥异。如果如实地回答如何应对这些项目所处状况的话，那就是无法用事先决定好的处理办法来解决。或许可以编排出好像是有用的理论来，但并不能针对所有这些工作追求鲜明的一贯性。建筑师也好，作家也好，缺乏这种战略都是难以抹掉的缺点。从外部来看，无论其生存方式还是工作方式，都避免不了难于被理解的局面。

即使这样，由于自己独有的人格特点，在我内心深处还是具有很大的倾向性及一贯性。试着回忆过去的时候，我感到自己在设计建筑的同时，也在心中培养着两头魔物。这两头魔物使我陷入混乱，使我的判断变得暧昧，并剥夺了我的一贯性。有时我会与魔物们对话，问它们："你们给建筑带来了什么？要让我做什么？"等等。

这两头魔物的角力关系经常发生变化，哪一方取得了主导权，哪一方就会在建筑中显现出来。因为没有名字，我就把它们一个叫做"红魔"，一个叫做"青魔"。如果将建筑看作是空间和时间的编织物，红魔就是纵向的线，青魔就是横向的线；如果换一种说法，红魔就是空间的使者，青魔就是时间的使者；也可以将它们叫作希腊神话中的爱神厄洛斯（Eros）和死神塔纳托斯（Thanatos）。所有的建筑都存在于这两头魔物的争斗之中。

红魔比较坚强，具有很强的自我中心性格，主张"形态"赋予建筑以生命。红魔的优点是正直，具有毫不妥协的强势，就像为了某种需求使劲哭泣的婴孩一样，最终不满地屈服在其主张面前。红魔叫着："形态、形态、形态，崭新、崭新、崭新。"新的形态及新的技术给予人们勇气，而人们从未看到显现的空间已向未来伸出手，流露出可怜的样子。另外，红魔有时也会采用有点暴力性的方法，打开通往次世代的大门。所以，红魔在年轻人中特别有人气，可以说学生的大部分课题，几乎都是红魔的跋扈所导致的后果和样子。但是，没有理由让红魔的主张无限制地放任下去，因为性急的主张会破坏现实。建筑是极其明确的创造物，是人们生存的道具，如果由其产生的希望和感动变成了失望和失意，并不是建筑的使命使然。

而另一方面，青魔的性格比较谨慎、自制，主张"整合性"给建筑带来了超越时代的强势。与红魔的热情浪漫相反，青魔是冷静的现实主义者，认为正是因为建筑具有超越时代的强势，才使得人们可以依托建筑，而这正是建筑的使命。强调回味、理解素材的性质，并正确完成各项功能，才是最重要的事情。如果听从青魔所说的话，就不会破坏现实，状况越严峻，青魔所说的话越带有叛逆的、严峻的现实味道。但是，如果一味地遵从它，建筑就会变得没有余地了。建筑不是以物质的充足为目的而建的，而是其中寄托着对未来的梦想和希望，如果只有整合性，建筑就会失去生命力。

独立工作后没多久，我就开始着手设计称为"艺术画廊 TOM"的建筑，这座建筑是我设计活动的一个起点，并成为之后我思考建筑的出发点。专为视力障碍人群建的小型艺术画廊"TOM"虽然是一个很超前的作品，但从其施工的复杂性到完工的细节，实在没有值得称道之处。业主要求给建筑标注的理念要在小规模的建筑形态中原样反映出来，这种过激地倒向业主的做法，使得红魔从前面跃出来了，叫道："形态必须表现概念，否则就没有设计的意味了，是建筑设计的失格。"

在这种情况下，的确是建起了形态有趣的奇妙建筑，但细节上破绽百出。如屋顶漏雨，即使修补也无济于事，雨水还是从屋顶及墙面渗漏进来，时不时地还会发生深夜里被叫出来修补防雨层，或者顶着手电筒登上屋顶的情况。漏雨并不单是缺少建筑方面的知识所造成的，还因为红魔乘机钻空，导致整体上没有能够控制住半狂乱的业主以及经验不足的施工单位。

"TOM"的痛楚还是太大了，在设计了这座建筑之后，我开始避免心中的红魔跳出来。由于与设计相对应的建筑造型要素没有获得推动设计的主导权，不论什么样的条件，我均通过青魔主张的整合性来进行设计。然而，并不等于红魔在我心中被消灭了，而是隐藏在青魔的后面，时刻寻找机会露脸。

"海之博物馆"是青魔的天下，如极为有限的低成本、海滨地区严峻的自然环境以及博物馆的持久性等。因为，即使稍微偏离整合性的框架，都会直接反映到成本上，从而使得整个工程停下来，所以，从应该怎样布局的整体规划到所有的细节，无论什么样的局面，都必须追求共同的经济性。以整体经济的合理性为基础，遵循物质性原则来设计，可以说完全是青魔的天下，除此之外没有别的。

不过，不能将其归咎于红魔没有露脸。这座建筑的特征是，在排除了所有装饰后的简朴空间里并不只剩下简朴，还有对博物馆里所呈现的渔民文化的热爱及热情、面对环境的深刻立场以及内部持有的信念等因素，这些均对建筑产生了微妙的影响。如果剥除了无用的东西，就可以见到其中的结构，进而赋予这个结构以生命，彻底探索力的流向，并将其视觉化。青魔是没有这种追求热情的。不用分析的手段来认识现实，而是构筑梦想般的新价值，这需要红魔在后面助一臂之力。在"海之博物馆"中，我想大概青魔占九成、红魔占一成吧，对于这个项目来说，是刚刚好的比例。

随着年纪的增长，我心中的红魔完全被青魔所压倒。在无意识中，两者渐渐取得了稳定的平衡。我想，作为专业建筑设计师，获得这种平衡是理所当然的，不过多少有些无趣。无论怎样，即使把建筑设计本身的意义视作是使其他事物得以保持活力的技术，投入了大量精力的设计师们也必须以此使自己充满活力。自我牺牲与预定和谐论的欺骗性全部崩溃的冲动被驱使起来，红魔小声嘀咕："这样下去能行吗？"

现实型 现实型

论理 论理

整合性 整合性

紧缩·节约 紧缩、节约

认真、坚实 认真、坚实

框组み 框架

精神主义 精神主义

求道的 · 求道

梦想型 梦想型

支离减息 零散感想

狂傲·热情 狂傲、热情

野放图 旁若无人

临时抱佛脚 自暴自弃、临时抱佛脚

逸脱 脱离

快乐主义 快乐主义

放荡 放浪

生与死·人类与自然

我想这大概是我画的第一张示意图，是在进行毕业设计期间，满怀苦恼与纷乱而画的。怎么看这都是一张极其单纯而简单的图，很不好意思拿出来跟大家分享，但没有办法，我的全部都是从这里开始的。

当时，在毕业设计中存在一种风潮，即自以为是追求成绩前茅的学生都想设计宏大的项目，然后画100张左右A1纸大小的线图。我无论如何都不喜欢这样，所以决定只用很少的几张图来表达自己的一些想法、灵感等。人们在思考集合住宅时，很难脱离毫无表情、非常无趣的图式，所以我想将设计活用起来。回想起以前做过的沿河畔采用流动造型的项目，我依此画了自己想画的图。

随后，我作为研究生进入吉阪隆正老师的研究室学习，从老师繁忙的日程空隙中获得一些提示，我得到了画基本草图的工作机会。而就在那几天之前，我高中时代的一位关系很近的朋友家里遭遇了一场交通事故，现在回想起来还是很难过。是突发事件，孩子突然跑出马路，车根本来不及躲闪，那个朋友的孩子不幸遇难。我当然很担心这位友人，他的父母也委托我去看看他，于是我去了他的家里。仍然记得那个时候我们彻夜长谈关于死亡话题的情景："人的生与死是不可避免的，但是降临到自己身上的死亡与发生在别人身上的死亡完全不一样。"等等，还说了许多不可知的事情，那时我唯一能做的就是一直拼命跟他说话。对于他来讲，那个时候也意识到自己要支撑下去，必须这样。那次谈话给我留下最为深刻印象的是他的独白，他说自己对于别人的死，对于那种痛楚是理解的，但怎么都无法有实感。这件事至今还在我的头脑中挥之不去。

我从老师那里得到画草图的工作时，首先将自己遭遇的事情向老师作了说明，然后请教了一件与毕业设计无关的事情，直白地问了一个幼稚的问题："人类本性是可以杀人的吗？"从那时起20年后，我自己做了大学老师，但从没遇到有学生问这样无礼的问题。我的老师当时只"嗯"了一声，就闭上了眼睛。经过长长的沉默，可能10分钟左右，难堪的时间终于过去了，老师慢慢睁开眼睛，说道："如果有工具的话，应该可以。"那个时候我并不理解，后来慢慢地明白了，老师一定是回忆起自己经历的战争体验了，在此基础上才有了这样超乎想象的沉重回答吧。然后，仿佛什么事都没发生一样，老师问我："你的毕业设计思考了什么？"我将内容向他说明后，老师立刻说："你总是在想活着的人的事，不同时将死亡也考虑进去是不行的，'死'可以更好地证明'生'。"画草图的工作就此打住了，自己应该好好思考一些事情了。

从那一刻起，我对项目的思考有了很大的改变。生与死，在这两极之间包括了所有，其中所谓建筑到底意味着什么呢？当然，不会自动有答案。但是，无论是矛盾还是混乱，都是从与老师那次看似无关的对话中提出的题目。不管怎样，在那一刻，我将自己的所思所想在纸上记录了下来。

如果将集合住宅作为生的场所，那么出现死的场所就是墓地，我设计了一个墓地。虽然每个人的生与死都不一样，但人类的生与死应该有某种共同的形式，以此为前提，唯一的主题就是分别给予生与死各自的形式。我想，虽然忙于经营的生有无数的变化，但死却只有唯一的印象。

接下来必须要说一下有关示意图的事情。能描绘生与死的联系，并不等于就可以形成建筑的形态，坐标轴如果是一条直线，并不能自己变成形态。于是让各种事物相交错，使人类与自然分别作为对立的概念直交，这时候人类的形象是那些人工的东西，那些人类制造出来的东西，而自然的形象就是环境及宇宙。此时我想问："自己设计的建筑应该在这些直交的坐标的什么位置上呢? 自己又在哪里呢? "。

从生到死的过程表现、人类诞生出的多样性向单一性的回归、制造人工事物的意识向自然中的融入，诸如此类，我一边考虑着这些事情，一边汇总我的毕业设计。现在看来或许是非常牵强的做法，但我仍能够感觉到要好好做出一件东西的那种热情，也许是年轻的缘故吧。这张示意图在矛盾、重复、错综复杂的情况下，被赋予了一定的指标与形态，确实成为了一种方向指引。我摒弃了那种每个挑战过毕业设计的人都体验过的想法，即设定一些几乎无法理解的大命题，并向其发起挑战。要比其他竞争对手做得好的念头、一个过于宏大的项目和题目的发表，我都觉得不好。于是，我只想着将思考的东西落实到纸上，并打印出来，就这样完成了毕业设计。

现在想想，真是相当傻的做法，牵强附会，且自欺欺人。不过，在幼稚的想法里潜藏着事物的本质。面对生与死的思考方式，使其作为思考建筑及城市的基础，将事物的表现方式进行还原等，这些方法一直延续至今，如果不明白，就返回去看看。我想，这种思考方法至今仍极为有效。

后来促使我开始频繁提及"时间"话题的，是因为思考从生到死的过程被更加抽象化后变成了语言，可以认为从生到死的过程是"时间价值"，而从人类到自然的过程是"空间价值"，纵线与横线的编织物可以认为是现在。我想，毕业设计中画的这张示意图可以被视为原点。

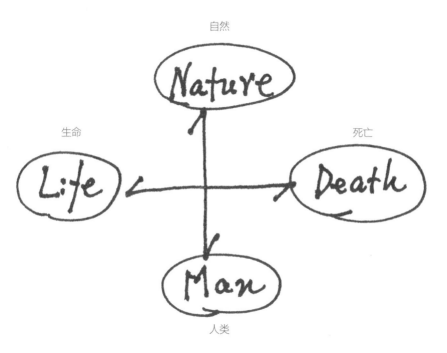

自然

Nature

生命　Life　　　死亡　Death

Man

人类

无论什么事都记笔记

我大约是从 25 年前开始养成对任何事都记笔记这一习惯的。当时，事务所的各种事务使我疲惫不堪，由于劳累过度，用脑也过度，我觉得周边发生的事情无法控制。

正是在这个时候，我对自己处理信息的能力以及收集信息的能力产生了怀疑，觉得自己在这两方面的能力均不高。思考后发觉，有效地整理各种杂务或是准确地把握必要的信息，这些都是我从小就不擅长的事情。简单地说，我从小就是一个不得要领、记不住事情的孩子，自己经过辛苦的努力，多少改善了一些，但大的方面至今没有改变。这些能力一直没有取得进展，在我的心中留下了很深的阴影，直到今天仍然存在。

整天被那些处理不完的事情所困扰，于是为了方便整理，我开始使用 A5 纸大小的笔记本记录所有发生的事情，笔记本能够整理的信息量恰好与我处理信息的能力相符合，记录在这里的信息量与停留在记忆中的内容相平衡。我想就是这样吧。

从那以后，我总是在笔记本里记下日程安排、备忘录、贴素描等各种贴纸。然后在年末的时候，不管是图纸还是别的什么，笔记本里没有记的信息就扔掉；在新年伊始，再换一本新的笔记本，开始记录新的信息。笔记本没有什么特殊之处，除了刚开始的那几年，我一直都使用着毫无特色、非常平常的笔记本，没有任何个性的笔记本最好。笔记本在刚使用的时候，厚度还不到 1cm，到了年末，一般会达到 3cm 左右，特别的年份有 4cm 厚，如果将 20 本摞在一起，快到 1m 了。

我想，毫无疑问自己不具备数码式的头脑，无法很好地处理信息、不能变换组合、不能根据需要进行检索等，是一个不折不扣的笨拙的人。虽说用笔记本来收集信息是适应现代社会的一种竭尽全力的努力，但它是有局限的。

随着时间的迁移，回过头来找出以前的笔记本重新过目，立刻就会知道什么时期有着什么样的心情。也有笔记记得少的年份，没有心情来记，笔记本很薄，看着空白页，心中徒增几分寂寞。

最近几年，由于我致力于大学里各种问题的解决以及各种委员会的组织等，于是关于这些事情的记录多起来。尤其是与人的接触机会变得异常多，是和专注于建筑的时候无法比拟的，总是与那些不同领域的各种各样的人一同开会，一同讨论。在会议上会互相交换名片，一个月下来积攒的名片就超过 3cm 厚，根本无法在头脑中对见过的人形成具体的印象。最近开始在笔记本中画出座席位置图，同时记下发言人的名字，这样的效果非常好。因为记录的同时，可以在头脑中留下深刻的印象，然后在下一次会面时，再看一遍笔记，就能回忆起上次的情形。如果是枯燥的会议，给出席者画素描的时间也有了，虽然画得不是很好，但用自己的手画出来的人，绝不会再忘记。

我最近虽然努力保持一定的笔记本厚度，但实际上创造性的内容明显减少了，笔记本的厚度是创新的标志，这说明参加的多是没有意义的会议吧。心里很想减少这种情况，但自己的权力还不够，可悲！或许应该转变方针。

那么，为了充实笔记的内容，改变现实会如何呢? 曾经为了接受现实才有的笔记本，为了从现在开始改变现实，我想就只能暂时先搁置起来了。

红与白

手持记笔记的用具描绘出形象对我来说是件重要的事情。我的大学恩师吉阪隆正先生常教诲我："手与脑要会互相交流，否则不行。"因此，针对头脑的思考方法及速度，手的明确感触必须丰富才行。手与脑的交流，必要的前提是手要有一定的修炼，根据笔压、顺滑的状况、指尖的感触、手持的记录用具等，手的动作会有变化，头脑的反应也随之变化。每个人的习惯不同，形成形象的道具也应该千差万别。

我从西班牙回来后，曾参加并通过了美大的速写考试。画的是裸体素写，我试着使用不同的材料，总是找不到合适的东西，在作了种种尝试后，终于获得了成果，就是用黑色与白色的蜡笔在箱板纸上画。抱来一捆箱板纸，手握蜡笔努力画速写的我，在那些用炭笔或铅笔构图的考生看来，简直就是一个怪物。但我并不是为了标新立异，只是觉得最适合自己的感觉而已。找到了自己独特的方法，就找到了对事物的个性看法，我深深地感到自己找到了观察事物的自由。

不知从什么时候起，我工作时开始用红色水性笔在图中作标记、画素描。有时试着用红色墨水的钢笔，或者使用各种牌子的钢笔，总之作过各种尝试，觉得百乐的红色 V-cone 是最合适的。墨水的流出状况会有变化，一般在开始使用时较纤细，使用到最后变得像浸润一般容易流出，因此，新笔和快用尽的笔是不一样的。我总是随身携带好几支笔，除了睡觉以外，身上随时都带着笔，如果身上没有带，就好像有事情放不下，压力会不断积聚。同样的牌子虽然也

有黑笔或蓝笔，我却从不使用，如果问为什么会这样，大概是我的头脑对红色有较强的反应，也因为同品牌的总是红笔做得最好，大概为了商品的宣传吧。

红色铅笔也不能缺。V-cone钢笔的优点是可以画纤细的线，但有时需要画比较粗的线，这时红色铅笔就派上用场了。另外，涂面的时候也需要标志性的红色铅笔。这是我从小使用惯的标准用笔，也是传统的笔记用具。因为喜欢温和的红色，画模糊的轮廓线非常好用，涂明确的面时颜色也恰到好处。画草图时可以使用，正式的发表也可以使用。新买的笔太长，放不进我的笔盒，于是我就将其切成一半使用。木制的外表在手指间留下温暖的感触，有时在很难画的时候，也非常圆滑。我都是使用短短的铅笔，手的接触面积大，表面的涂料更使其显得滑润。可能因为自己使用的时间长了，这种做法也不过分吧。削铅笔的时候，木料的香味非常好闻，一边削，一边将自己的思想浸润其中，不知不觉中会想起小时候的事情。

当然，红色铅笔还具备一个不可或缺的作用。在刚开始画的时候，往往没有进展，而我的情况常常是对事物无法一下子得出结论，对目的鲜明的画图很不在行。过分的迷惑或者试行错误，在我已经习惯了，经常是画了擦掉，一边擦一边画，在迷惑中，如果不陷入泥沼是得不出结论的。因此，画出的线肯定会重合，慢慢地，重合的线变得不明其意了。画到一定程度，不必要的线如果不擦掉，就不会有进展，这时候登场的便是修正液了。我也曾尝试过各种工具，考虑到下笔时的形状以及白色液体流出的状况，果然还是修正液要

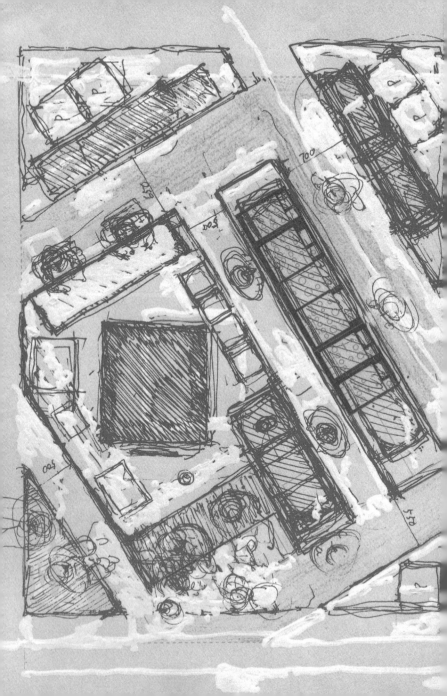

好得多。

用红色铅笔画出分区的轮廓线,用 V-cone 钢笔画出试行错误的线,然后用修正液擦掉错误的地方,之上再画出红线,这样多次反复画就是我的工作方法。有时候,在一张纸上布满了修正液的痕迹。可能事务所的工作人员就是根据我画的红与白的重合状况,来推测我在这个项目上花的气力以及认真程度的。事实上,我在工作中投入的精力,从重重叠叠涂画的激烈程度就可以看出来。

在这里要给大家展示的不是示意图,而是试行错误的草图而已。回头再看以前画的草图,在白色修正液覆盖的下面,隐隐能看到层层擦掉的线,这是手与脑的多次对话,或者说是激烈争论的战场痕迹。看到红与白格斗的痕迹,就可以想象出那个时候曾经有过怎样的对话。

纹理模式

站到了大学老师的立场，我才终于理解到，世上存在着无数重要的但极无趣的会议及无意义的流于形式的委员会。因为设计或者建造建筑，在什么局面下都需要立即作出判断和决定，所以在这样客观、务实的世界中生存，最初多少让我有些吃惊。我打算尽可能不让自己卷入那些行政事务中，但也许是到了一定的年龄，不得不出席一些会议，心里虽然想着："这是重要的事情，不能不去。"但仍禁不住为白白浪费了大好时间而叹息。人生是有限的，我经常想，我要在这样的地方、这样的时间做着这样无聊的事吗？在这样的反复中，渐渐诞生了在无聊中有效利用时间的智慧。

几乎都是 2 小时左右的会议或委员会，如果不是委员长而是一般委员，发言时间一般为 10 分钟左右，即自己需要向大会贡献的内容也就 1 张原稿纸吧。很多情况下，审议内容事先有了说明，没有特殊情况的话，基本已经知道会议的趋势以及重点所在了，问题是……怎样度过剩下的 1 小时 50 分钟呢？

人生所拥有的时间并不长，最原始的人生目的是创造东西，因此想要将花费在社会协调上的时间降到最少。但是，会议的氛围很重要，会议主席的面子也不能不给，委员长在本职工作中热心参加的姿态也是必须的。所以既保持参加的姿态，脑子里还能想别的事情，这样的职业艺术非常必要。

在委员会上，常常是将由顾问执笔的报告发给大家，但我早已知道报告的内容，也知道审议的事情，对预期结论也由于职位所在心知肚明。以前还对报告书空空的标题页有意见，现在我要感谢这些空白了，可以用来写一些适当的东西。计算过会议的时间、状况后，我可以埋头于这些空白，时间很充足。无论怎样显示出认真记录的样子，心思却全在那些空白页上，别人看见我这个样子，一定还以为我是如此专注于会议呢。

在大部分场合，我其实什么也没想，意识不到应该画一些特别对象，只画自己想到的纹理模式。只要画出最初的那条线，就会接着画出下一条线，几条线重合在一起，就会形成线与线所围合的小区域。见到整体的构图后，就会自然而然地随着心情涂抹，整体构图的重心就产生了变化，下一条线也变得必要起来。如此，所画的东西就变成了奥伯利·比亚兹莱（Aubrey Vincent Beardsley）画的流体状纹理和皮特·蒙德里安（Piet Cornelies Mondrian）画的格子状纹理这两大模式。我想这是我的习惯吧。

这样的纹理模式可以称作示意图吧，是我在无意识中画的，所以可以说是表现无意识的示意图。因为并不仅限于思考意识中存在的东西，描绘其轮廓，标示其来龙去脉，也习惯于使无意识中存在的东西成为下一次思考的导引。无意识给予了意识以矢量，而该矢量的方向就是被称为习惯的东西。

我画的无意识纹理模式在年轻的时候一向没有进步，没有画好的理由，也没有大的变化。但即使这样，我还是继续画，为什么呢？因为如果不画，我会彻底忘掉。给予手可以记住的习惯，唤醒手上动作的无意识，就是我画这些示意图的意义。

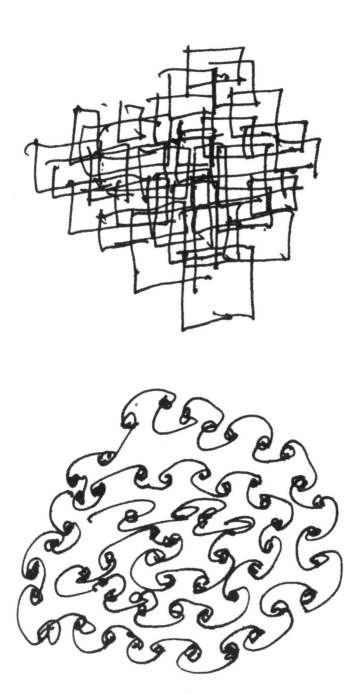

突然的墓地论

不管什么样的杂志，在创刊之际，因为正处于确立杂志个性的时候，总是将最根本的东西放在前面，比如目前完全面向中老年男性的生活情报类杂志《BRUTUS》也不例外，在创刊伊始，就如杂志其名所示，给大家展现的是一幅恶汉模样，充满恶作剧。寻找一切禁忌的事物，毫不吝惜地布满了杂志的页面，我想实际上这是一种机关算尽的营销战略。"刊登这样的东西好吗？"杂志上登载的多是不免让你有这样疑问的新闻、故事。如今该杂志俨然已变成了时髦的时尚杂志，但还是怀念那个时候的《BRUTUS》，就我个人的想法，还是觉得回到原来的样子比较好。

我借助建筑取材的机缘，与该杂志的一个编辑有了多多少少的接触。听说我以前就是一个墓地论者，他便问我："披露一下墓地论如何？"我不置可否，当然最后还是接受了这个请求。我在大学毕业设计时就组合了墓地元素，毕业论文以及硕士论文中也与墓地有一些关联。另外，当时的住宅与城市整备公团[1]委托我对某团地[2]进行改建规划，在其中我也自然地引入了墓地。在建筑设计及广域规划中，墓地是不可欠缺的，原本我是非常认真的，那个时候却遭遇另眼相看，除了有限的人外，并没有被大多数人接受，所以"墓地"这个题目犹如《BRUTUS》创刊当初的企划。

文章的标题叫作《突然的墓地论》，是编辑加的，我在收到校对稿时才第一次知道。我不是没有想过还有其他许多选择，但不管怎样，还是比较喜欢这种《BRUTUS》式的名称。文章决定在盂兰盆节前的一期中登载发表。有意思的企划必须有一颗不泯的游乐心，如果再加上一些照片会更好，于是我拍了一些新宿的超高层建筑及墓地的照片。

现在不能不说这些建筑是乱建的高层建筑，但在当时则是一个位于新宿的成功商务社会的标志。曾经有过辉煌一时的过去，但在泡沫经济崩溃前夜，开始在世界的氛围中呈现出怪模样。超高层建筑犹如墓地的石头，在杂志的页面里构成了一个黑色幽默，即使不用语言说出来也能理解。在认真的批判面前有过于强大的敌人存在，但我还是想表现出仿佛有撕咬对手的气氛，在这样的气氛下，好像《突然的墓地论》很合适。

在这个世上有两大重要的价值，生存只是其中的一半，如果一味地在这方面用心，这个世界就会陷入失去平衡而崩溃的命运。因为想阐述一下这方面的想法，于是我画了一张示意图，编辑加上了昵称——"串团子之图"。一边说着严肃的事情，一边在示意图上显示出幽默的串团子，这样非常好。在说重要的事情时，没有可爱与幽默果然不行。

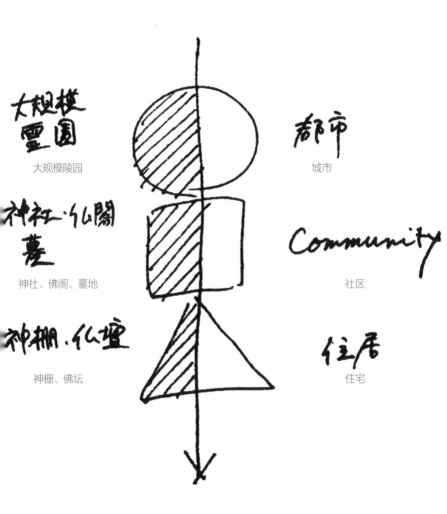

大規模霊園
大規模陵园

神社・仏閣 墓
神社、佛阁、墓地

神棚・仏壇
神棚、佛坛

都市
城市

Community
社区

住居
住宅

固体·液体·气体

20世纪80年代初期，由于偶然的机会，我受到当时的住宅与城市整备公团的委托，以厚木的大规模团地改建为主题，提出今后团地应有的建设及维持方式。那时，国土厅针对分散于全国的中核城市，提出定居圈构想，不是全部从东京迁出，而是探索让一小部分人在各地方城市中定居的实施政策，即与围绕东京的一极集中相反的做法。该团地的规划也是要致力于寻找打开新的局面，即摸索该如何建设非一时之用，而是作为常年定居场所的团地。

在该规划中，我提出将居住区域背后的用地作为墓地使用。因为如果深层思考所谓定居的事情，其实就是在那里生活，在那里死亡。如果是这样，就有必要将古代村落共同体所拥有的结构反映在现代居住区的构成上。在此基础上，我提出了墓地的想法，这是一直以来规划中所欠缺的地方。在周围其他职员以及坐在最前列的总裁面前，在怯怯的忐忑中，我提出了这一看似荒唐的想法，本以为大家一定喷饭般地大跌眼镜，但却意外地获得了好评。

也许是墓地的报告引起了关注吧，1982年我被委托撰写有关21世纪居住形态的报告。虽说是委托，但我连委托方是谁都不是很清楚，只是每周到公团去，与以当时在建设省挂职的责任科长为中心的对方工作人员进行商谈罢了，说起来像是很缥缈的事情。因为公团的建筑与我的事务所相距大约200m，有时我会借散步的机会到那里转转，感觉很轻松。有时也会碰到科长，他是个头脑灵光的人，读过大量的书籍，具有些许左翼的思想，作为公职人员，他算是一个异端吧。据说在建设省里，他也曾是一个不同于其他人的怪人。

我想，在旧思想依然盛行的公团中，他是想要追求新的思考方式以及一些新的刺激吧。

大体上就是这样一个规划项目，最终要获得一定的成果，即非常盛行的一种无聊惯例：在执行预算的基础上，追求一些能作为证据的成果。我作为可自由商谈的咨询对手，更没理由来整理那些东西，没办法，只好做了一张表，将一些说得过去的资料填写在上面，作为成果交差。唉，虽然并不喜欢这样的工作方法，现在想来实在是非常轻松的工作，所做的表就是后面这张结构图。

既没有做问卷调查，也没有收集资料，重新再来看这张示意图，当时的轻松与畅快可见一斑。当然，绝不是不认真，其内容很严肃，可以说是以普通人的直观想法为基础制作出来的成品，现在的居住形态发展态势不是也正按照当时的计划向前推进吗？最重要的是这里包含着假说。

虽然不知道详情，但我看到过这样的美国式论文，不管怎样先提出假说。如果是日本式做法，首先应该收集数据资料，然后在此基础上确立假说，如果可能的话，再去证明假说，这样一步一步进行。与此相对的美国式做法，八卦也好非八卦也好，首先确立大胆的假说，然后积极地去体验失败，再去验证为什么失败。

在现实的紧迫面前，有各种各样的解决方法。我在这里介绍的模式不是基于坚实的现场调查，而是好比一个家庭共同体，只要其所拥有的独特关系性够强，由此就会形成结合力够强的固体分子间结构。可以想象，如果对其加强经济性外部压力，固体就会变暖，即热能使得分子间的结合力变弱，使其变成液体；如果压力再增大，就会变成分子可以自由飞行的气体。我想，这与在持续高度经济成长的社会，即经济压力增强的社会，受其影响的家庭及人类个体的存在方式相似。

实际上就是这样吧。在外部经济压力较少的农村，其关系性便是高度经济成长下的家庭形态的变迁所致，从共同体到大家庭，从大家庭到核心家庭，从核心家庭到个人，一层层解体，这张示意图所表示的就是这样的两极化结构图。即使压力始终存在，但并非所有的都如此变化，为了保持固有的价值观而打破一群，解体一群，这就是人类社会。

从另外的视角来看，持有土地的人保持拘泥于土地的居住环境，缴纳税金，也就是保持与土地捆绑在一起的定居原则；虽然被土地所束缚而不自由，但能够获得安心感。另一方面，无土地的人因为没有土地牵制而更自由，不用与近邻打交道，也不用费心社区的建设，如果哪一天在别的地方或者海外获得好的工作，立刻就能搬走；当然，同时必须承担某种程度的不安定性。在当时的东京，可以同时见到这两种价值观的共存。

如果说有问题，就是这张结构图不容易看懂，两条线混杂在一起，无视了价值观的差异。如果真如这张图所示，那就是在这个世界上，有两种人以共同的面目居住在一起，倘若改变看待事物的方式，阶层化就能够在看不见的地方不断进化。

后来我才意识到阶层化的变化。不知是在有意识还是无意识中，

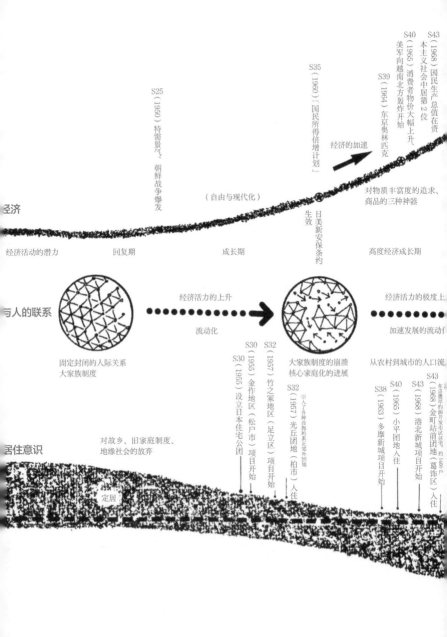

经济

S25
（1950）
特需景气、朝鲜战争爆发

（自由与现代化）

S35
（1960）「国民所得倍增计划」

经济的加速

S39
（1964）东京奥林匹克

S40
（1965）消费者物价大幅上升、
美军向越南北方轰炸开始

S43
（1968）国民生产总值在资
本主义社会中居第2位

对物质丰富度的追求、
商品的三种神器

日美新安保条约
生效

经济活动的潜力　　回复期　　成长期　　高度经济成长期

与人的联系

固定封闭的人际关系
大家族制度

经济活动的上升
流动化

大家族制度的崩溃
核心家庭化的进展

经济活动力的极度上〔升〕

加速发展的流动〔化〕

从农村到城市的人口流〔动〕

居住意识

对故乡、旧家庭制度、
地缘社会的放弃

定居

S30
（1955）设立日本住宅公团

S30
（1955）金作地区（松户市）
项目开始

S32
（1957）竹之家地区（足立区）
项目开始

S32
（1957）光丘团地（柏市）
入住

引入了各种设施的真正郊外别墅

S38
（1963）多摩新城项目开始

S40
（1965）小平团地入住

S43
（1968）金町站前团地（葛饰区）入住

S43
（1968）港北新城项目开始

东京都的面开发式住宅，约1400户

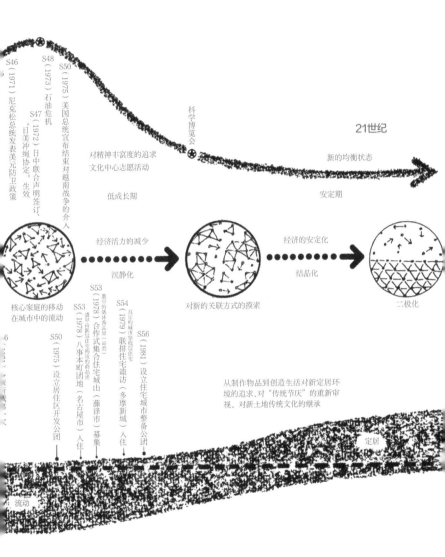

S46 (1971) 尼克松总统发表美元防卫政策

S48 石油危机 (1973)

S47 "日中联合声明签订、日美冲绳协定" 生效 (1972)

S50 美国总统宣布结束对越南战争的介入 (1975)

科学博览会

21世纪

对精神丰富度的追求
文化中心志愿活动

新的均衡状态

低成长期

安定期

经济活力的减少

经济的安定化

沉静化

结晶化

核心家庭的移动
在城市中的流动

对新的关联方式的摸索

二极化

S50 (1975) 设立居住区开发公团

S53 (1978) 由联合住宅构成的商品房

S53 (1978) 八事本町团地（名古屋市）募集

S54 (1979) 合作式集合住宅城山（藤泽市）入住

真正的城市型低层住宅

S56 (1981) 设立住宅城市整备公团

联排住宅谲访（多摩新城）入住

从制作物品到创造生活对新定居环境的追求、对"传统节庆"的重新审视、对新土地传统文化的继承

定居

流动

-6-

突然间，熟知行政的我对行政的阶层化开始变得越来越看不清了。如果阶层化容易看到，在社会平等性建立前，行政就会出现问题，因此，这个阶层化还是看不见为好。

比如，一个主妇从一栋公寓走出，手里拎着购物袋。仅以此可以断定，这个主妇是这栋公寓的居民，但无法分辨她是买的房子还是租的房子。隐藏了这种差异化，就隐藏了阶层化，这可能就是城市的安全阀吧。

而引起我兴趣的是，这个安全阀的功能可以持续到什么时候？还有，共同体被解体后的经济压力会衰退，在世界变得冷漠的情况下，要怎样重新构筑关系性呢？

神与Kami.1

1 这里为了与西方的神相区别，Kami特指日本的神。

一直到不久之前，Kami 遍布于风景中的形象还是可以想象的。因为别说神社佛阁，就是小小的祭神场所、路边的地藏王、高挂于大树上的注连绳等，也仍然被保留下来了。那个时代，在日常生活中可以随时召唤风景中的 Kami，有"风"这个文字存在可以为证。汉学者白川静认为，"风"字的原意为 Kami 的使者，据说是表示将 Kami 的意志从其居住的山上传到山下的意思。"风"在人们的生活中不断地吹拂，慢慢地变成了习俗。在风景的意思中，隐约也可以见到 Kami 的姿态。Kami 的意志总是伴随在人们的日常生活中，如果设置简单的"替代媒介物"，在那里就能够引入 Kami，并使其停留。Kami 在日常生活中的方方面面，即使是暂时的，也会稍作停留；而作为体现 Kami 出现的那些极为简朴的媒介物，由于 Kami 的停留而被赋予了特别的意义。再深一步说，神社就是 Kami 降临的地方，是 Kami 附着的媒介物，没有 Kami 的神社，就失去了其存在的意义。

自从事建筑设计的工作开始，我参加过很多次地镇祭，即安全祈福祭祀活动，这应该是建筑师都经历过的事情。这样做的意义就是，以我们文化中存在的自然观为基础，将习俗象征化，并使其视觉化，还原本来极容易明白的形式。

四根竹子以及悬挂在上面的注连绳，就是神话中供奉海幸与山幸的简单祭坛。但如果只有这些，没有任何意义，通过呼唤出其深远的意义，使各种要素具备了特别的价值，就出现了标志性。例如，神职人员将撒满白色纸片的场地清扫干净，在降神的仪式上呼唤 Kami，在这一瞬间，用注连绳围起来的领域立刻具备了特别的意义；

然后，神职人员说出祈祷的祝词，参加者按照社会地位依次手捧神木，通过二礼二拍手一礼的方式，向 Kami 祈祷工程能够安全完成；最后从升神仪式上归来。多么简单的仪式呀。

因为在建造藤原京的记录上有记载，这种仪式的历史或者可以追溯到之前的太古时代。从前有将人形的折纸于祭礼前夜埋到土里的习俗，这样来看，在太古时代或许就有这种习俗吧，比如所说的人身供奉，也叫人柱供奉，就是用真人来祭祀的方式。在地震、台风、海啸等恶劣天气及地貌变动频发的国家，首先要向土地神老老实实地认真祈祷才行。

地镇祭的空间构成以及人与该空间的关联方式，均以组合的形式出现，形成了日本的空间原型。举一个容易理解的例子——相扑的空间，包括清场的做法以及镇地的方法，与地镇祭的空间特别相似。另外，神社祭祀时的空间也大体与此相似。再比如，有关和式建筑及茶室的空间感觉的做法，以及地面的间隔与空间的关系等，都可以联想到地镇祭的空间形式。因此，要想对日本特有的 Kami 有一个形象的概念，只要去看看周围的各种地镇祭的空间，便可知道。这些存在于生活文化中的无意识，可以帮助我们对日本的建筑空间及城市空间有新的认识。

我想，与我本人一样，本书的大多数读者是从事与建筑相关的工作吧。那么如果假设 Kami 不在的情况下，你们肯定会问："通过什么来支撑建筑的细部呢？"现代建筑巨匠——密斯·凡·德·罗（Ludwig Mies van der Rohe）曾将阿比·沃伯格 (Aby Moritz Warburg) 的名言"神

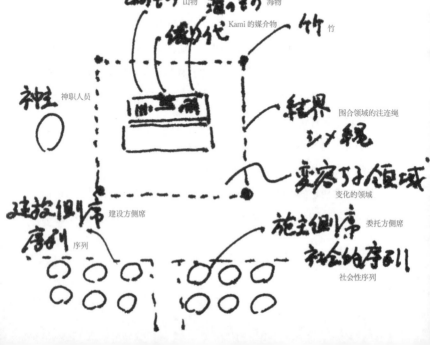

山のもの 山物
海のもの 海物
依り代 Kami 的媒介物
竹 竹

神主 神职人员

結界 围合领域的注连绳
シメ縄

変容ずみ領域 变化的领域

建設側席 建设方侧席
序列 序列

施主側席 委托方侧席
社会的序列 社会性序列

就存在于细部"作为自己的座右铭，引导他在建筑设计的道路上越走越远。

这里就出现了一连串的问题：在我们的日常生活中，Kami 是不是原来就不在那儿？建筑平时作为媒介存在，那建筑自身是不是根本没有意义呢？如果做上标记的话，证明神是存在的，但不论怎样的粗糙建筑，都要经受风的吹拂，让 Kami 存在于细部是不是原本没有必要呢？

但另一方面，建造建筑要使用天然的素材，可以认为素材本身就遍布着 Kami 的断片。在使用有经验的栋梁达人及尽职的匠人说的话中，存在着对素材的敬仰，因为素材中隐藏着自然的东西。在最接近素材的细节中，自然及风景映入眼帘，换一句话说，映入素材中的风景培育了尊重细节的精神。在西欧的概念中，最初建筑担负着跟风景对立的宿命，在这里，我将二者的对立完全消除了。

在这里，我想试着确立一个假说：Kami 就是在自然中流淌的时间。要说在人类抗争的事情中，异常困难的莫过于时间了，绝对是人类抗争不过的对象，可以说 Kami 就是时间的表象。我们在见到树木、花草、野山等大自然时，会产生一种独特的感情，这其实就代表了我们在那里见到了各种各样的时间的模样。

从古时候起就反复出现的深秋美景，所说的就是我们文化象征的感情，可以确确实实地看到在自然中时间的影像。西欧的神形成了西欧现代的时间形象，但我在这里说的是我们生活文化中的"Jikan[2]"。

2 这里为了与西方的时间相区别，Jikan特指日本生活文化中的时间。

"风景中有 Kami 存在，使大跨度的时间映入其中"，这种思考方式很容易浸润到所谓的深秋美景的生活感情中。建筑自身并没有派生出意义，只有在意识到建筑是 Kami 的媒介物的瞬间，建筑才会诞生出意义；而给予其意义的，也就是召唤出 Kami 的，进而呼唤回时间的，是作为主体的人，如果人不召唤，Kami 不会自动现身。与一时的、以人为中心的、随时现身的 Kami 相对，这种思考方法在西欧以及伊斯兰社会是没有的。在西欧和伊斯兰的概念中，存在绝对的神，并不会随着人的召唤而及时现身，也不会毫无缘由地消失，是不以人的意志为转移而存在的。

如果完全延伸西欧化的神与时间，就雕刻不出我们生活文化的无意识性。从 Kami 与 Jikan 中试着修正建筑和城市如何呢？

WAVE

可能年轻的一代不是很熟悉，过去在离六本木的交叉点大约100m处通往涩谷的方向上，有一座称作"WAVE"的深灰色奇妙建筑，其下层是与音乐密切相关的店铺，最先进的录音棚则位于最上层。该建筑建于20世纪80年代初期，这在当时是绝无仅有的，它是当时正如日中天的Saison Group（物流公司名称）进军音乐界的旗舰。今天在其旧址上，矗立着在夜里灯光闪亮的六本木大厦。

过去，这周边是外国人及演艺圈人士常常流连的地方，即使是现在，六本木仍然保留着一些当时的气氛，特别是从交叉点到涩谷方向的数百米地段，漂浮着一种怪异的氛围。老店铺ALMOND西点店、布满超前艺术及设计类书籍的青山图书中心、麻布警察署、经常有艺人光顾的日产大厦旁的咖啡店、朝日电视台，等等，这些都是外国人愿意聚集的地方，与一些有点怪异的店铺混杂出独特的氛围，成为前卫文化的摇篮。

真怀念当时那种怪异的氛围，跟歌舞伎町静谧的怪异不一样，与涩谷明快的怪异也不同，仿佛在黑暗中分辨不清其正身，又洋溢着异国风情，整理不清是哪里，又好像哪里也不是，就是那种看不见幽暗深处的感觉。在设计灵感枯竭的时候，我常常到这里看看，在纷乱中整理思绪。

当时这里有一处壳牌加油站，Saison Group的西洋环境开发公司将其拆除，建起了WAVE大厦。一个偶然的契机，使我与这座建筑有了某种联系。当时设立设计事务所没多久，我到自小相识的前卫雕刻家伊藤隆康处拜访，伊藤先生问我："现在的建筑变成了什么样呢?"就此问题,我将自己的所思所想谈了两个小时。

后来我听说,伊藤先生当时有可能与艺术家山口滕弘一起成为筑波科学博览会的制作人,伊藤先生始终将筑波放于脑海中,从年轻的时候就开始作相关的调查了。

结果听筑波科学博览会的负责人讲,这个任命没有实现。那之后不久,伊藤先生联系我,说:"我把你的谈话跟 Saison Group 的会长堤清二先生提了,他非常感兴趣。"就是针对六本木的一个建筑物,堤先生想听取大家的意见,因此设立了设计研讨委员会,希望我成为其中的一个成员。那时我 31 岁,看了人员名单后,大吃一惊,以伊藤先生为首,主要成员有山口滕弘(艺术)、内田繁(室内设计)、胁田爱二郎(雕刻)、鬼泽邦(图纸)、永原净(照明),一个多么宏伟的名单呀!

与伊藤先生的谈话大体就是以下内容:"从空间到时间""从量到质""从形态到材料""从整体到个体"等,即这个世界的变化规律。

后现代主义占据主流的当今建筑,过于注重三元的空间价值,拘泥于眼睛看得到的价值,即形态所传达出来的信息,而牺牲了更大的价值,即时间的价值。20 世纪的设计与现代主义都假设时间不存在,从而描绘出没有时间的生活空间、建筑、城市等,换一个说法,即"如果摒除时间价值,就能获得莫大的自由"。在这个价值里面,正是资本主义经济的一味膨胀,才出现了现在的消费社会,而且,因为消费社会追求效率,所以总是将价值的中心放置到最大公约数,即将人类的价值观描绘成正态分布图,设定峰值为市场价值,并以此为目标生产商品的思考方式。结果将空间价值作为道具的整体主义就是资本主义社会，从表面上看，就是将不幸的自由给予大众。

然而，这是不是离结束不远了呢？人们是不是开始注意到那种不祥感了呢？如果真是这样，其中被忘记的东西应该在今后的价值形成中起主要作用。要问这些是什么，就是被称为"时间""质感""素材""个人"的东西。涉及建筑，就应该从重视空间价值的方法转变为重视时间价值的方法，说得更直白一些，问题不在于建起了多么宽敞的房子，建起了多么壮丽的房子，而在于诞生了多么丰富的时间，这种只有年轻人才会有的想法逐渐浮现在我的脑海。

从那时开始的30年后，重新再来看待这个问题，这种思考方法对我自身而言并没有什么改变。"WAVE"的深灰色外观没有任何装饰，作为不可思议的建筑，矗立在稍微偏离于霓虹灯闪烁的六本木风景的地方。在繁华中静默着，这也是一种风格吧。是堤先生提出的革新理念，颠覆了一直以来的商铺空间惯例，也得到了全体成员的共鸣。

当初提出，建筑的外墙采用镀锌板的幕墙形式，因为随着时光流逝，锌具有颜色不断加深的特性，是与毫不夸张的沉默理念及开始就考虑到的"质感""时间"等概念相符的绝好素材。尽管全体成员都很满意这个提案，但最终却由于成本的考虑而放弃了，其结果就是建筑外墙的颜色在风吹日晒中，渐渐变为有一点点绿的深灰色了。

关于素材的理念一直延伸到内装材料上。地板采用花梨木的板材，这在当今没有什么稀奇，可在当时却是商业设施中禁用的一种天然材料，顶住西武负责人的强烈反对，仍然坚持实现了这个想法。结果，地板反倒成为该建筑的一个标志，一直使用到 1999 年拆除为止。此外，在铺装及涂装上也采用了一些之前没有使用过的材料。总之，都延续了"时间""质感""素材"的理念。

实际上提出"WAVE"这个名称的是我，体现波涛的声音、新浪潮的思想等。同时还考虑了许多其他名称，但都没有确定。然后，委员会的一个成员，忘了是谁，提出 WAVE 是 AV（Audio Visual，视听）夹在 WE（我们）之间，这不是很好嘛，由此决定了用这个名称。鬼泽先生设计的标志也是在 WAVE 的四个字母上涂上不同的颜色。

现在想来，"WAVE"虽是个小规模建筑，却成为那之后日本商业店铺的原型，诞生了许多在今天看来是再自然不过的商铺空间的先例。一般的商铺空间通常总是在短时间内反复装修翻新，但"WAVE"非常罕见地将所有身价全部押在一次建设中，16 年来没有任何大的更新，我想，是因为沾了好时代的光了。

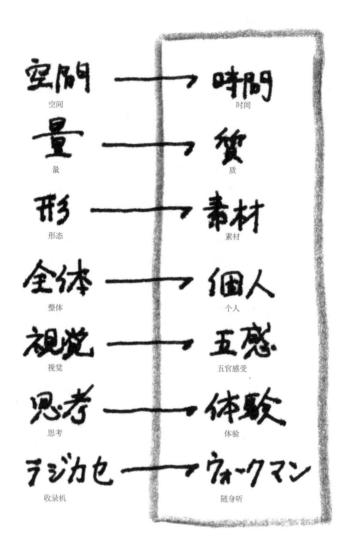

空間 → 時間
空间　时间

量 → 質
量　质

形 → 素材
形态　素材

全体 → 個人
整体　个人

視覚 → 五感
视觉　五官感受

思考 → 体験
思考　体验

ラジカセ → ウォークマン
收录机　随身听

东北地区的西部内陆区域

下面讲述的也是我的事务所成立后不久发生的事。那时，仅靠建筑设计实在不能糊口，不时靠给朋友做帮手，提供城市规划咨询服务，也就是做一些没有署名的工作，才勉强度日。当时的咨询公司是大藏省[1]的外围团体，他们对于有固定形式的工作，即谁也不看的报告书的汇总非常在行，但对其中涉及的内容却不明究竟，因此不受既有观念束缚、能够自由思考的我们这一类人就成了不可多得的宝贝。从事与建筑相关的工作，如果没有经验，几乎不可能顺利进行，因为需要和不习惯的委托方进行辛苦的交涉。因此，描绘未来构想的工作反倒成了可以稍作休息和放松的事情。

这时有一个国土厅的定居圈构想规划项目，要在小型地方城市作补充强化的尝试，于是我画了一些关于城市的图。另外也有一些其他项目，其中有一个面临重大难题的大规模项目，是关于东北地区的西部内陆区域的规划构想，包括从山形到秋田南部的大片地区。该项目以内阁府管辖的国土综合开发事业调整费的名义，由内阁的各省[2]策划构想，并综合成为规划指针。

这是针对东北地区的一个区域提出的提案，当时的建设省[3]好像对局限于该区域的构想很不满意，认为至少应该对整个东北地区进

---

[1] 大藏省是日本的国家行政机关之一，主管国家的预算分配、税收政策等财政及金融行政领域，相当于我国的财政部。

[2] 省是日本的国家行政机关的称呼，相当于我国的部委。

[3] 建设省是日本的国家行政机关之一，主管国土规划、城市规划、城市基础设施、河流、道路、建筑等领域。

行规划，然后将该区域重点定位，并在此基础上，勾勒出该区域内的发展愿景。果然不同凡响。

后来听说，当时建设省曾试着寻找作为局外部门的国土厅正在推进的新全国综合开发规划（略称新全综）的策略，这项针对调整费的工作也是想通过构想策略的设定，获得未来的实施政策，因此，通常本应较真的地方，工作中却采取了妥协的手法，这也是向仅仅对已有策略进行加工的一贯做法表达不满吧。无论如何，对东北地区整体构想的描述都非常有必要，而咨询公司却没有这么做，虽然当时向建设省提出了好几个方案，却都没有被接受，因为建设省的负责人对缺少未来展望的提案始终没有点头。

这时，在随便贴着的东北地区整体地图上，我用铅笔画了一些意义不明的线，是将东北整体连成梯状网络的线，完全凭借感觉画的，好像却引起了建设省负责人的兴趣。另一方面，咨询公司因为无法理解所画的内容，所以不能给出满意的说明。于是，有一天，我被咨询公司邀请同行，到建设省去进行说明。

首先，我说明了自己针对梯状网络是怎样考虑的。那时浮现在我脑海的是 20 世纪 70 年代初，丹下研究室制作的以东京为中心的中央集权型网络模式，以及吉阪研究室制作的与此相反的地方分散型网络模式，我想这两者各有自己的道理，没有哪一个好哪一个不好之说。每一个模式都提出了具有重要价值的提案，好比一个是油门，一个是刹车，实际上，两者都是结合了世界形势及经济形势而分化出来的。那以后经过了 40 年，现实不正是这样变化的吗？今后随着道州制[4]的导入，一定程度上地方分权化会继续深入，因此，东京过于集中的人口应该怎样分散将成为重大的课题。

当时，最令人信服的体系是克利斯托弗·亚历山大 (Christopher Alexander) 提出的半格（Semi-lattice）结构。亚历山大本人从对人类社会空间的认识方法中得出了这个提案，并认为反过来，规划阶段也应该建立在这个认识基础上。作为我的圣书之一的《人类城市》是在小街区等级上，进行了简明扼要的综述，今天看来，仍然表达了网络自身的本质东西，实际上就像互联网变成半格结构一样，是灵活的现实的事物。但是，并不能因此就将亚历山大的提案原封不动地扣在国土规划这样规模的项目上。

丹下研究室、吉阪研究室、亚历山大，当时这些总是出现在我的脑海里，由此，我通过整理东北地区整体的地势条件，形成了梯状结构的提案。乍一看，仿佛是非感性的不断调整的工作，但也因此在直觉中蕴藏着知识。把握了大方向后，接下来就是按部就班地确定报告书的内容，在决定好的大框架中，再确定好内陆地区的定位就可以了。

在汇总阶段，我学到了各种各样的知识，如纵贯山形县的 230 号

---

4 道州制是行政区划设置。道与州的地方行政制度，最早出现在中国的西汉和唐代。现指日本改革现有行政区划，在北海道以外合并现有的都道府县，并设立新的州，增加地方自治权限的构想。

线国道就是原来的 3 号线。在明治初期，为了保卫北海道、抵御俄罗斯的威胁，作为日本重要的国策之一，这条穿越东北内陆的国道成为仅次于东海道及山阳道的重要干线。之后，铁路的东北本线从仙台出发，沿北上川北上，渐渐地重心移到了太平洋一侧，随之内陆干线的重要度下降，变成了现在级别相当低的 230 号线。

接下来进一步回溯到江户时期，我知道了更有意思的事。沿山形北上到达日本海的最上川，是以红花和大米作为主要产业的内陆地区的干线，经由酒田，利用日本海路线的北前船，与大阪等上方（京阪）地区相连。这样说起来，最上川相比江户（东京），与上方地区的经济关系更深。另外，从最上川水系偏离出来的米泽，与贯穿福岛的太平洋一侧，也就是与江户经济圈的关系更深。

我一边考察这样的事情，一边了解地区的特性，为网络的实质进行了定位。很久以后才听说，该网络方式既在东北地区总体规划中有所反映，也在那时的全国综合开发规划中有所体现。我想给年轻人一些忠告，不要惧怕感性获得的感受，想到什么就试着说出来，因为对于缺乏经验的年轻人来说，直觉会在实际工作中给予很大帮助。

这种手法好像并没有取得很大的进步，现在我虽然参与了很多与城市相关的咨询，那个时候获得的思考方法至今也没有改变。一直以来，我在中央集权价值与地方分散价值的分别运用中，或者在大的构想规划中、地区的历史及文化定位中，从没有偏离这种手法。我想说的是没有变化是理所当然的，就像念佛一样。

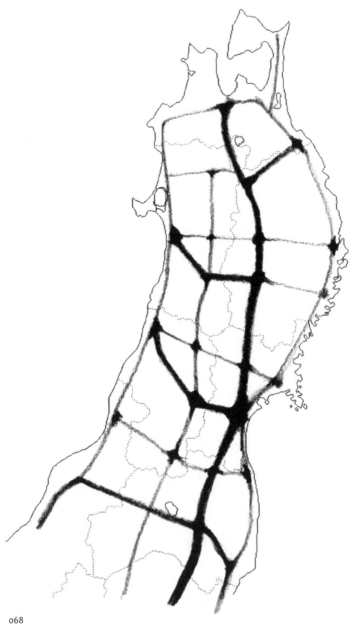

建筑与生命与熵[1]

1 熵由德国物理学家鲁道夫·克劳修斯（Rudolf Clausius）首次提出，并应用在热力学中，指的是体系的混乱程度，亦即能量在空间中分布的均匀程度，能量分布得越均匀，熵就越大。

眼前展开的是连续的低层联排住宅，而遥远的对面耸立的是超高层建筑，这可以说是在任何地方都有的充满日常生活气息的场景。可是个人的小小欲望不断增长的结果是，当看到这样的风景后，越来越不懂设计特殊建筑的意义了。一味喜欢这样的建筑到底有多少价值呢？具有普通神经的人毫无疑问会抱着这样的疑问。

可以理解因为具有设计的才能，所以以此作为谋生的职业，但是不能只为了职业、为了生活、为了金钱而工作，这些如何与"生存"联系才是问题所在。设计师日夜不眠不休地辛苦设计的建筑，结果只是被反复的无限制增长的城市所愚弄吗？即使这样，在城市生存着、作为生活场所的前提下，设计建筑、建造建筑的行为与"生存的状态"本身同调吗？并且，建筑如果"生存着"的话，到底意味着什么呢？

在与总是提出一些无理要求的委托方打交道的那些日子里，我经常会想到这些事情，大概因为没有痛苦就没有收获吧。要想取得进步，必须让自己对现在的工作满意才行，人生也一样，有时需要围绕着哲学思想进行思考，这样能起到保持大脑健康的作用。

提起城市问题，提起环境问题，建筑总被当作加害者。世间的普通看法认为，建筑师在设计作品时，不管怎样总要试着捏造没有理由的理由，总要试着使自己的作品正当化。其实建筑师考虑的事情，就是在自我表现意识之外，创造有意识地要忘却的广大领域。

20 世纪 80 年代来到日本生命化学领域的先驱者伊利亚·普里高津（Ilya Prigogine）将生命定义为"吞食熵的东西"，他认为，构成这个世界的所有物质及现象都是朝着熵增的方向运动，只有生命与此相反，朝着熵减的方向运动。这个思想在很长一段时间里追随着我不肯离去，突然间我意识到，建筑不是也朝着熵减的方向运动吗？如果真是这样，也许存在方式完全不同，但建筑也会在深层次水平上，朝着同生命一样的方向运动着。

例如，如果铁暴露在自然界中，立刻会生锈，多少年之后恐怕连形态都留不下来；木材也一样，其他素材也一样，随着时间的流逝，都会遭遇同样的命运。但是，建筑会整理并调整各种素材所拥有的时间顺序，在自身中形成新的时间。将各种材料所拥有的良好性质组合起来，就会获得产生更长时间的形式，可以说所谓素材，就是宿命地背负着延长时间的行为，换一个说法，通过组合各种素材，就是朝着减少各素材所拥有的熵的方向运动的行为。当然，如果从宇宙运动的大方向来看，可以想象会有极细小的可以忽略的抵抗因素，但还是与生命所指的方向相同。

在这里，我想试着展开一些联想：如何看待展现在眼前的无秩序的风景呢？无秩序的方向是不是明显地朝向熵增的方向呢？假设是这样，那就与生命不同。建筑如果拥有自己独特的秩序，应该与生命的道理相近才对，但作为集合的结果和整体，如果朝着无秩序的方向的话，眼前的无秩序风景是唯一的熵增的风景，换个说法，就是具有与生命相反的倾向，也可以说是与死的风景相近的倾向。

个体的生命化强调的是与整体的方向相反的倾向，这是很难理解的说法，但是冷静下来想一想，这也正是日本战后社会的存在方式。

个体的生命化，即个人幸福的增大，作为整体是朝着死亡的方向前进，这里所说的整体可以是城市，也可以是环境。那么，有没有使个体的充实与所属高层次的系统同调，并与高层次系统汇集相连接的方法呢？如果找不到通往这条困难之路的方法，作为个体的建筑与其集合体的城市双方都无法朝着生命体的方向前进，这是很困难的事情。

所谓建筑，是人类生活空间相对于周围环境如何对峙共存所获得的形式，因此，在深刻思考过的物体构成中，反映了建筑在所处场所的周围展开的风景。在考虑细节时，要让地面的状态及地震、风向、台风、暴雨、雪、光等场所的构成要素和与其相对的物体构成方法形成对峙。如果这方面的洞察力不足，建筑就不可能长时间存在，因此，优秀的细节中，必然要反映风景。

接着，根据细节的存在方式不同，熵的减少量也会有变化，通过优秀的细节所支撑的建筑，熵会减少，变得与生命原理相近。细节好比生物的细胞，随着细胞存在的方式不同，生物的形态会发生变化；再进一步解析，在细胞里含有 DNA，其中包含的信息与生物的命运相连。我想，细节中的 DNA 就是我们所思考的事情吧，我们所思考的框架决定了细节这个细胞的形态，进而决定了建筑这个生命体的命运。

生命体的细胞与细节的最大不同在于，细胞是经过几亿年的缓慢历程进化而来的，可以超越世代反复再生，其完美程度简直是神的作品，而细节不是神造的，是建筑师所给予的。

假如在细节里也加入了像细胞所拥有的 DNA 一样的命运，这可能是建筑师的无意识之为，是无法躲避的那个时代的无意识之为，因此，通过意识及意志可以控制细节，但却无法控制嵌入其中的命运。而且，经过充分的洗练获得的细节，可以成为建筑命运的良好引导手段，但建筑被命运背叛的情况也很多，很难如想象的那样发展。

细节是用木材及金属等物质作为原材料编织的时间，对我来说，设计细节可以说就是描绘建筑细部中所表现出来的时间的姿态。

我想，所谓建筑，就是风景的 Jikan 和物质的 Jikan 的编织物吧？风景是 Jikan 的表象，物质是构成它的具体事物，那么建筑是存在于这两者中间，将风景的 Jikan 与物质的 Jikan 相关联、相组合，将细节推介到日常生活中的行为吧？包括城市及环境在内，广义上建筑应该可以朝着熵减的方向运动，这是第一次成为可能，也是我第一次意识到，建筑可以与"生存的状态"同调。

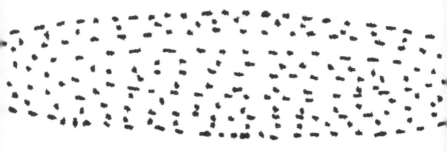

海博集落素描

我不确定这张图是否可以叫作示意图，或许别人会说这只是一张素描吧。然而，回过头来看，这张素描事实上是我在那个时期，整理自己所思所想不可或缺的东西，或者说是我向某个方向踏出第一步时或站在交叉路口时，激励我向前进的路标。一般来说素描本应是反映现实的东西，但实际上，这张素描里所画的风景在现实中并不存在。

20世纪80年代中期，西洋环境开发公司要对自己所拥有的伊势志摩地区约30km²的游乐休闲用地进行开发，委托我做顾问，想以当时刚颁布的观光法为依据，围绕艺术村这一核心进行观光地的开发建设，并成立设计委员会，希望我成为该委员会的一名成员。对方当时好像正在寻找年轻的、有魄力的建筑师，肯定认为如果是这些年轻人，什么都可以做的。

但我首先被委员会成员的豪华阵容惊呆了，有田中一光、小池一子、小清水渐、中村锦平、柳原睦夫、涉谷和子、石元泰博等一批名人。我的任务是作为委员会成员的同时，负责总体规划。

这个工作多少有些复杂的气氛，因为除了有趣的部分外，也有困难的对应部分。用地位于当地的门户——鸟羽市郊外，西洋环境开发公司强烈希望将伊势志摩地区独特的风土特征纳入其中。尽管知道风土意匠非常重要，但正是由于其所处的时代背景及物理背景所致，如果只是在形态上添加一些因素，不就和那些仅仅起名荷兰村或是什么别的名字的观光地一样了吗？另外，我当时也极力想避免使其变成自己所厌恶的后现代主义风格。如果只是参照风土形态，几乎就等于轻松随便地参照历史，所以我并不愿意做这样的工作。

首先要去伊势志摩地区参观，看看那里到底什么样。我仍然记得以大王崎为中心的英虞湾周边的情形，但与以前期待的渔村风景大相径庭，只剩下一些断片般的残砖剩瓦。成员们几乎没有太多的时间，所以参观像急行军似的，急匆匆地转了一遍，连好好拍照的时间都没有。没有办法，只好将现场的感受深深地记在脑海里，晚上回到旅店，再结合头脑中浮现的风景，凭印象画出素描，重新勾勒出伊势志摩的风貌。

不能单凭照片来留住记忆，相反，从我自身的经验来看，用照相机拍下来的风景不知为什么总是会被忘记，可能是因为太关注于拍照行为本身，反而削弱了对所拍对象的观察力。正因如此，我注意到如果习惯了拍照，对事物的观察力就会降低，即不知不觉中，会丧失眼睛的"视力"。

因此，我想对风景及建筑留下记忆的时候，努力不去有意识地拍照，而是专心画素描或者什么都不做。像画这张素描一样，回到住处后，一个人静静地画的时候也有。白天观察的时候，有意识地让"眼睛来记住"的东西，便是意外地在头脑里留下印象的东西。不可思议的是，这样刻在头脑里的风景，绝不会再忘记，例如大约30年前看到的这幅风景，现在想起来还能确切地再画出来，也能再描述出来。

虽然这张素描画的是具体的风景拼贴画，但每个要素均有其意义，我想这也可以说是在头脑中构筑起来的示意图吧。这里所描述的各个要素对应了用地上的气候、风土等，是渔村从贫困的生活中获得的生活智慧。我心中抱着"即使物质上贫困，也能形成美丽的风景"这样的念头，设计了"海之博物馆"。

结构示意图

为了探寻建筑应该拥有什么样的结构、应该采用怎样的力学原理，不管什么样的建筑，我都要画出那种被确定下来的像漫画一样的图。最初从确定是静定结构还是非静定结构的初期阶段开始画，但我意识到鉴别效果的好与坏有好多种办法，然后知道了对最初的构想所持的态度，会使建筑的质量发生很大的变化。这些都是我通过"海之博物馆"项目，并在结构学家渡边邦夫的帮助下学会的。

我画的结构漫画在结构学专家看来可能要付之一笑了，但没关系，想笑就笑，只要能建造起优质的建筑就好。因此，我毫无畏惧地继续画，这是最重要的事情。这里就诞生出了我与结构学家的对话，我对结构的认识加深了，结构学家对我是如何设计建筑的理解也加深了。

我的一些作品开始在杂志上发表，渐渐地结构作为建筑的主要表现成了我所设计的建筑的一个特征。但这并不是我的本意，如果给大家看没有露出结构的建筑，杂志的编辑一定会问："怎么看不见结构呢？"然后露出不屑的神情。然而，并不是所有建筑都要为了表现结构而设计，结构是建筑价值的主要因素，但非建筑本身的目的。

1985年，在我着手设计"海之博物馆"时，整个世界都是泡沫经济，与其同步调的是建筑界清一色的后现代主义风格。在这样的状况下，我并不打算说自己举起反旗是多么帅气的举动，而是因为偶然地碰上了"海之博物馆"的工作，没有退路，我只能深入做下去而已，这大概是命运的安排吧。在那里，我面对的正好是与当时世上流行的事物相反的东西，如极有限的成本、海滨的严酷环境以及地方城市相对偏远的位置等，这些都与在大城市发生的事情完全不同。

面对所追求的目的，从建筑上除掉多余的东西后，剩下的只有结构了，就像在沙漠里看到的动物遗骨，在剥除了所有东西后的自然姿态里存在美丽。"像船的龙骨""像鲸鱼的脊骨"，我从来访的客人口中听到了各种各样的感想。我想，如果说这座建筑有某种美的话，那就是希望有脊骨一样美丽形态的愿望在这里实现了。在结构里，有寄托这样的愿望的地方。像废墟一样，如果要使事物具有极致形态，那就是如何抵抗重力的人类痕迹吧。

在设计建筑的时候，首先要将其作为一个物体来考虑如何构成。虽然设计是一个边做边想、不断修改的过程，但在开始的那一刻，要建立起建筑整体框架的构想，所以这时首先要做的就是想好采取什么样的形式，这里就有结构。如果建筑所处的环境状况非常复杂，或者追求的性能具有一定的难度，结构就离得更远，但即使这样，结构也是决定一切的重要因素，这个事实不会改变。

什么样的事物，都应该可以被解析吧。从专业的视角看，应该有进行结构规划的程序，在这方面我想表达我的敬意，但是，如何构成物质就需要建筑师来做了。例如，柱及墙的上部与屋顶的连接部要怎样设计？该部分是要刚性连接还是铰链式连接？这些都是构想方面的问题，这里局部的一个想法都有可能对建筑整体的合理性有很大的损害。是选择铰链式连接方法，还是选择刚性连接方法，并不仅仅是针对结构的想法不同，更是建筑本身的存在方式不同。

建筑师必须把力的作用方向以及要怎样处理力的想法传达给结构

师，如果你正好是结构师的话，可能更喜欢这个阶段的讨论。在解析前，需要格外看重的不是如何解析力，而是如何判断力，如何思考力的流动以及力的传递，这些也可以说是进行结构计算前的结构规划，不受建筑整体的本质限制，就在近处存在着。

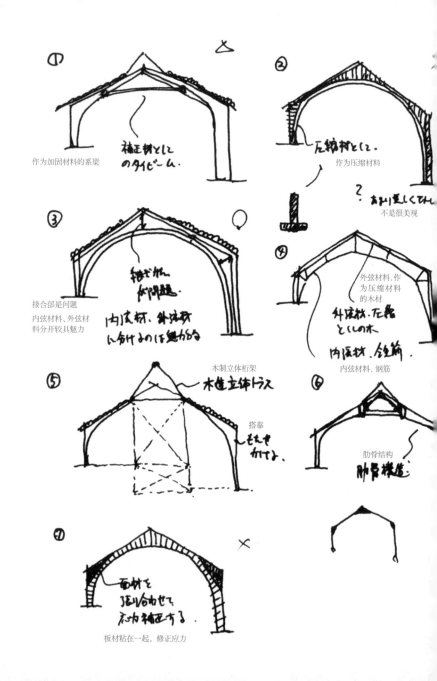

① 作为加固材料的系梁
補正材としてのタイビーム.

② 圧縮材として.
作为压缩材料
あまり美しくない
不是很美观

③ 接合部是问题
内弦材料、外弦材料分开较具魅力
接合が大変だ、が問題.
内弦材、外弦材に分けるのは魅力ある

④ 外弦材料,作为压缩材料的木材
外弦材、圧縮としての木
内弦材、金筋.
内弦材料,钢筋

⑤ 木制立体桁架
木造立体トラス
搭接
そえてかける.

⑥ 肋骨结构
肋骨構造

⑦ 面材を張り合わせて応力補正する.
板材粘在一起,修正应力

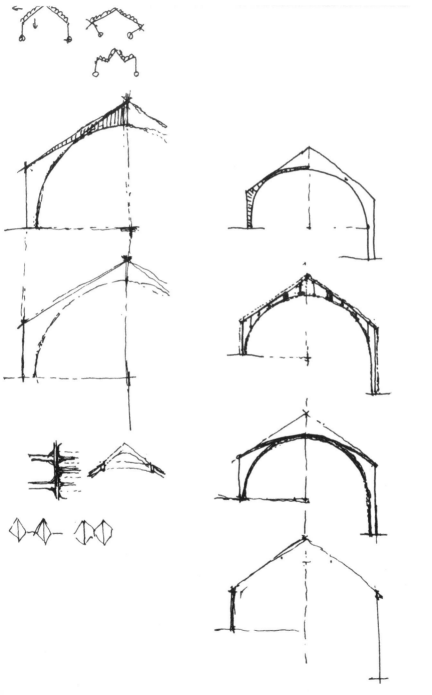

结构·设备·意匠

对于世上的任何事，我都要用二分法或三分法进行大体的分析，这个习惯常被说成是我的一个恶习。世间的事没有那么单纯，因为所有的要素都是重叠在一起的，而且，还原要素本身的做法有可能并不会得出现代思想的框架。

然而，如果不把事物分解开来看，就无法形成具体的对象；如果不形成具体的对象，就不能开始思考。建筑及城市是构成和组合现实的工作，所以只能从这里入手，虽然是没有办法的办法，但有种艰苦奋斗的感觉。其实我很想试着更自由地接受"事物本来的样子"，并被这种思想改变，这样做了之后，可能就会看得见不同的世界了。

我无法确定自己是从什么时候开始这样思考的，可能是在开始学习建筑时自然而然学会的吧。我认为如果不将事物简单化，就不可能成功地把握，所以首先要设定大的构成要素并进行思考，然后如果没有成功，只要修正即可。在这个过程中，我试着画出示意图来帮助思考。重要的是，分开考虑的事情或画出的东西，只是帮助思考的辅助线，不是绝对的东西，有可能犯错，所以随时要保持清醒的头脑，知道到什么时候必须要踩刹车，要时刻努力避免让画出的东西束缚自己的思想，或是使思想变得狭隘。

在费尔南多·伊盖拉斯（Fernando Higueras）事务所工作的时候，建筑师（Architect）与制图员（Draftsman）的职责是分开的，我担任制图员，所以根本没有涉及具体的实际工作；在菊竹事务所工作的时候，我又一直做竞赛和工程项目；当我自己独立开设事务所的时候，完全跟实际工作疏远了。刚开始独立工作时，我才头一次见到称为预算书的东西，可以说对社会上的事完全不了解。

试着做实际的工作后，我懂得了工作方法大致分为"意匠、结构、设备"三大部分，有各个领域的专家，构成企划书的图纸也分为"意匠图、结构图、设备图"三种。同时也知道了设计建筑的工作，就是由完全不同的三种要素组合而成的图纸构成，并且由此形成企划书。

开始我只是接受这样的构成，但在设计"海之博物馆"的时候，由于涉及图纸、企划书及施工等所有方面，必须有所控制。因此在那个时候，我并不仅仅被卷入其中，而是必须针对各要素，进行重新对象化、重新思考。说起来就像人体解剖图或者解剖模型一样，检证一个一个部件，再准确地放入其位置。为了实现不允许有任何偏差的建筑，这样的反复作业非常必要。

结构就像看 X 光照片，骨骼应该怎样构成，我想这是结构的本质；而设备就如内脏一般的器官；虽然设计就是意匠，但感觉如同设计由骨骼和器官组成的身体似的。

"海之博物馆"是一座结构突出的建筑，要说什么是最低限度的东西，那一定是"结构"，认为"结构"是抵抗"重力"的形式就是在这时想到的。想必是理所当然的事，"结构"是由木材、钢筋、水泥等容易入手、价格便宜的材料，煞费苦心地构成了人能够在里面生活的空间。

这时，我并不是没想过"设备"。如果将"结构"与"重力"相对照的话，"设备"应该与什么相对照呢? 思考的结果，"设备"与"环境"

恰好是一对。人类的器官就是这样，需要与空气环境、水环境及广域环境等相协调，这也是"设备"的要点吧？简单地来看，就是"设备"要正面直视"环境"。

这里最大的问题是"意匠"，如果将"意匠"比作人类的身体，那就是整体的形态、表情、皮肤之类的东西，担负着具体的"表层"作用。但"表层"这个词多少给人以浅薄的印象，并不能完美地解释清楚"意匠"的本质，而我想说的是更加深层的信息，是体现骨骼及器官的整合形象的"表层"。

在设计"海之博物馆"的时候，情况特别严峻，因为正值泡沫经济崩溃中，又是离东京很远的偏僻乡间，所有成本被控制得很低。要想全身心投入该项目中，需要与自己正在做的事区别对待，必须将自己日常做的工作概念化，不这样做就克服不了当时所处的困境。分析要素、将其概念化、确定在建筑价值中的定位、赋予其意义，由此有了我画的这张图。

这样分解了要素后，就想试着再往前走一点，于是想到"结构、重力、时间"、"设备、环境、空间"、"意匠、表层、信息"这样的组合。

有意思的是，重力加速度 g 与时间 t 相关，"结构"抵抗"重力"，于是与"时间"紧密相关，我想，这样的想象方式可能与得到的结果不一样。如果说建筑经过时间的流逝走向死亡的话，首先是"意匠"沉沦，然后"设备"破败，最后作为废墟的"结构"残留下来。也就是说，经过"时间"的洗礼，最后残留下来的是"结构"，这是再自然不过的事了。当然，"设备"也好，"意匠"也好，都与"时间"密不可分，但长时间抵抗"时间本质"的还是"结构"。

如果将"设备"对应"环境"的话，也可以对应的是"空间"。因为相对于"结构"的"时间"，将"设备"设定为"空间"非常恰当，这里考虑的是结构相对于重力，在地球的任何地方，其系数都一样，为1。另一方面，环境的状态随着地势的不同会有很大的变化，也就是"空间"具有地域性，不是均质的东西，以世界为均质的价值为前提的现代主义，在结构方面是有效的，但在设备方面却是错误的。因此，对于设备来说，作为现代主义目标的均质空间破碎了，其结果引起了至今仍在发生的环境问题。

那么，这里的"意匠""表层"又针对什么呢? 很难说有正确答案，但至少可以假设对应"信息"这个词。我认为，由建筑所引起的各种形象及信息寄宿于"表层"，并作为"信息"发出信号，传播开来。不管是结构还是设备，在人们进出所存在的空间时，就变成了信息，不是说建筑的形态就是信息，而是在信息化社会里，所有的东西都能置换成数字信号，并作为信息来流通。我想，将"信息"这个词换为更加概念化的词"表象"来表达是不是更好呢?

当然，肯定存在不完善，但从这张示意图中可以得出一种假说。我想是不是可以这样说，建筑师进行设计的行为，使用的是"结构、设备、意匠"的方法，在"重力、环境、表层"的条件下，根据人们的需求进行适当的排序，从而控制"时间、空间、信息"。

对于这种疯狂牵强的解释方式，我觉得很不好意思，但同时这也是我思考的一部分。

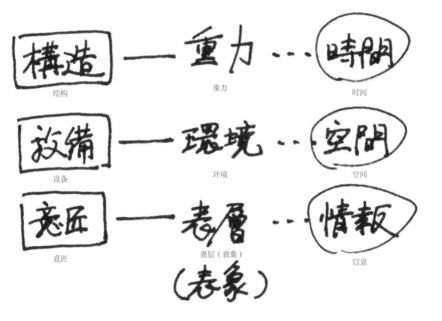

結构 重力 时间

设备 环境 空间

意匠 表层（表象） 信息

图纸形象

我每年都会参加几次设计竞赛，当然其中也有被邀请参加的，但多数都是公开的设计竞标，结果取决于审查委员会，所以有中标的时候，也有失败的时候。如果是没有能力的审查委员来评判，即使提出多个优秀方案，也有可能不中标，这时的应标立场就会很弱，但也无法表达不满。同时，我的事务所本身也不可能每次都提出好的想法，只有我这方面与审查方面正好吻合了才会赢。也有无论如何都中不了标的时候，但只有迎接挑战，努力争取工作，事务所才能维持下去。如今自己渐渐年纪大了，体力也不如年轻的时候，成老头了，情况变得越来越严峻了。

不过，因为想要有更多的工作，却不舍得付出的本性一旦暴露出来，大体上就已经输了。建筑追求的是正直，许多竞赛参加者在还没搞清楚具体的情况时，图纸就已经出来了，因为我自己也做了多次审查委员，所以比较了解。我不知道为什么会这样，但在一瞬间一瞥之下就知道了，很可怕呀。因此，在报名参加竞赛时，可以想着要得到工作，但一旦进入方案阶段，就必须暂时忘掉这些，专心于主办者的想法及用地的状况等方面，至少要想起目标以及大义，必须抱着牺牲精神来组织、思考方案。我常对自己说，如果有能够追求的东西，建筑就是为了实现这个大目标所用的道具，尽力做自己能做的事情，然后就是审查的事情了，要靠运气了，这是非常重要的原则。

提出方案的正确做法是针对项目整体，干净利落地确立战略，即使有无数个好的想法，被审查的也只是提交上去的图纸，所以如果图纸不完整，就不可能胜出。在有限的时间、有限的战斗力、有限的图纸数的前提下，要想充分地传达自己的想法，必须确立表现上的战略以及适合方案中建筑物的战略。

这里给大家看的是我在参加竞赛时总要画的和写的东西。如果大体上把握住了整体形象，我就会一边思索要画什么样的图纸、要怎样才能更好地传达方案的内容，一边画出图来。填入具体的内容后，虽然并不限于形成我画的这个样子，但重要的是这样做可以把握整体，然后画出能把握整体的分格图。虽然始终是感性的东西，但这样就不会弄错尺度，然后画出正确的图纸。不可思议的方法吧。

这样画过之后，就可以形成项目整体的形象，也就是通过像剧本一样的方案概要，使画出的内容成为像情节一样的东西。画出来后也可能觉得与项目的目标有所偏差，作为竞赛方案有些弱，这时需要毫不犹豫地从根本上更正其内容，因为在失败的方案中，不管投入了多少精力，也只能是无用功。另外，应表现的内容体量也要适当，所以，那个时候就需要根据事务所职员的实力以及能投入的人力资源，来确定具体的工作日程，并且，这种情况下可以与职员共享所有信息。如果事先画出图来，可以在很多方面使用。

即使这样，竞赛也可能失败，或是因为战略错误，或是因为说明不够打动人。而一旦确定了失败，我就会一直盯着图纸反复地看，想确认自己的不足之处。这是最痛苦的时候，但建筑师注定了必须不断地取得进步。我经常看着别人中标的方案，觉得非常优秀，自己根本做不到，因为中标的方案在战略上非常优秀，并且有勇气，单单只有战略还是不能取胜。

虽然画这样的示意图是为了预先确立框架，毕竟战略只是战略，而创造性的力量是要大胆地构想，最后将其引到战略化的实施行动上，这需要勇气。勇气随着年龄的增长，其分量会变得越来越小，我迫切需要有人来教我培养勇气的方法。

中文图

· 安定感 · 正统的 · 建筑的
· CAD+ 铅笔 中央部浮在上面的样子
  沿周边整齐排列，黑白反转
· 铅笔画的硬质图纸 CAD 底图
· 纸张的选定

要素

· Plan 想法
· 线图
· 使用时…
· 音乐会前…
· 饮食
· 推广
· 城市规划
· 松本的景观
· 美术馆与…
· 耐久性
· 从屋顶…
· 针对松本
· 斋藤纪念
· 音场的设计
· 标题…
· 五感的设计
· 城市与建筑
· 善光寺的作法
· 外廊：PC.
· 屋顶：镀锌板
· 设备：照明
· 天花板：薄

休息厅效果图 1   休息厅效果图 2   小厅效果图

街区规划
（Block Plan）

大厅的变化

人、车动线规划

系统
（System）

对话

耐久性、性能

1,2,3,4 平面（Plan）、面积表

细节（Detail）   入口效果图   大厅内观效果图

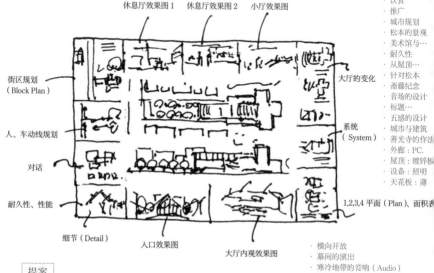

· 横向开放
· 幕间的演出
· 寒冷地带的音响（Audio）
  衣帽间
  cf 阿尔瓦 · 阿尔托（Alvar Aalto）
· 无障碍
· 演奏者的舒适性
· 演奏一侧的音响设计
· 交流（Communication）
· 使用日本落叶松
· 座席--→ 木

提案

① 耐久性 --→ 物理性、精神性 100-200 年
② 遮蔽系统、卷帘（Shelter）
③ 利用日本落叶松--→ 结构、表面装饰、音响
④ 开演前、幕间的演出、cx 横向全开放
⑤ 五感的设计、音场、光场、热场
⑥ 信息、开演前的解说、数字网络

* 注：这部分原图不全，翻译不完整

表現 ・安定感. ・オーソドックス ・建築的.
・CAD＋鉛筆.. 中央部 浮びよるように.
　　　周囲に行に従って. 反黒反転.
・鉛筆描写の ハードな図面. CAD下地.
・紙の選定

要素
・PLAN アイ
・ダイアグラ
・使用時
・コンサート前
・飲食
・プロモーション
・都市計画
・松本の学
・美術館と
・耐久性

ホワイエ
パース1
ホワイエ
パース2
小ホール
パース

LOCK
PLAN

てホール
変化

system

・車動静計画
・ダイアグ

・耐久性
・性能

1.2.3.4 PLAN.
両配置
・屋根からの
・松本に対す

Detail.
アプローチ
パース
ホール
内観パース

案
① 耐久性. → 物理的. 精神的.　100～200年.
② 遮閉 system . シャッター.
③ カラ松利用 → 構造. 仕上. 音響.
④ 開演前. 幕間の演出. ※ 総全開放.
⑤ 五感の設計. 音場. 光場. 熱場
⑥ 情報. 開演前の解説. デジタル. ネット.

・機が開く.
・幕間の演出.
・寒冷地の Audi
　クローク. cf アリオト
・バリアフリー.
・温度差の快適性
・演奏側の書込計
・Comunication
・カラ松使用.
・庶席 → 木.

・サイドうえネス
・音場の松
・タイトル. ネ
・五感の設計
・都市と建築
・書込寺の作
・外解　PC.
・屋根. 松ら
・設備. 眼
・天井演数

古尔德（Glenn Gould）以及皮亚佐拉（Astor Piazzolla）

关于食物，我从小就被严格地教育不能挑食，什么都要吃得津津有味，我想可能因为是在第二次世界大战（简称"二战"）后混乱期还没结束的时候，食物非常紧缺，属于贵重东西。那时，如果碗里剩下没有吃干净的米粒，会被父亲打。我就处在这样的年代，因为不管什么东西，都要全部吃完，自己根本不知道好吃与难吃的区别，因此造成了后来我的味觉不是很灵敏。

与此相反，我觉得自己的耳朵倒是很灵敏，可能由于母亲会弹钢琴，我从小就被熏陶听古典音乐的缘故，只要听到流行歌曲，电视就会被关掉。从我还是小学生的时候开始，母亲就常常带我去听音乐会，可能也想过逼我学钢琴吧，可是去听音乐会这种事，在对棒球感兴趣的同学们看来，就成了被挖苦的对象了，所以这件事我从没有告诉过我的朋友们。就这样，经常去听音乐会一直持续到大学期间。现在想起来，觉得是非常奢侈的体验，特别是关于钢琴，几乎听的都是当时来日本的著名钢琴家的现场演奏，我仍然记得的有鲁宾斯坦 (Arthur Rubinstein)、吉列尔斯（Emil Gilels）、巴克豪斯（Wilhelm Backhaus）、肯普夫（Wilhelm Kempff）、米凯兰杰利 (Arturo Benedetti Michelangeli)、里赫特（Sviatoslav Richter）、齐夫拉（Georges Cziffra）、阿格里齐（Martha Argerich）等，仍然记得他们清晰、鲜活的演奏。

然而，现在的我对于音乐来者不拒，什么都听，相比古典音乐，我现在更陶醉于摇滚乐、爵士乐、流行音乐、乡村音乐、歌谣以及民族音乐等，除了重金属音乐外，其他种类的音乐我都打心眼里喜欢。这可以说是我的闲静奢侈。

我在30岁后成立了设计事务所，刚开始的时候困难重重，尽管现在也不轻松，但我觉得与当时的困难有质的区别，仿佛践踏了创造东西的自豪感，充满了不理解的场合、环境。我想，是格伦·古尔德帮助我度过了这段艰难的时期。

我初次接触古尔德的演奏是在高中时期。当时我买了李斯特（Franz Liszt）改编贝多芬（Ludwig van Beethoven）《田园交响曲》的钢琴版唱片，原本想买交响曲的《田园》，却阴差阳错地买了钢琴版《田园》，因为是用好不容易攒下的零用钱买的，我仍然记得那时自己的委屈与悲伤。当LP的唱针落在唱片上的那一刻，"这是什么呀？"我觉得非常失望，这件事也曾被母亲笑话。这就是我与古尔德的初次相遇，曾是一件不幸之事。那时只觉得他是一个不可思议的演奏者、一个怪人，之后他的名字就从我的脑子里完全消失了。

15年后，我从研究生院毕业，去了西班牙，后经丝绸之路回国，并宣称自己一年不找工作，然后就处于什么也不干的彷徨时期。平时我除了读书、画画，就是悠哉游哉度日，现在想来是极为散漫的事，但也是我积累大量的经验，并确立奋斗目标的时期。后来忘了是什么缘由，也许是为了唤醒已经变迟钝的大脑吧，我非常想听巴赫（Johann Sebastian Bach）的钢琴曲，买来了唱片，这时手里拿着的就是古尔德年轻时录制的《哥德堡变奏曲》。这场演奏沁人心脾，我深深地感受到古尔德的孤独和痛苦，其实演奏的曲目只是媒介物，但里面却浸润着演奏者纯粹、透明的精神所在，我喜爱其中的每个音符。

围绕古尔德的旅程就这样开始了，我买了大量的唱片，有了CD后，我又一个一个买了所有的 CD，不仅仅有巴赫的，还有贝多芬、莫扎特（Wolfgang Amadeus Mozart）、勃拉姆斯（Johannes Brahms）等人的。在我独立成立了事务所后，毫不夸张地说，30 多岁的我只听古尔德的音乐。我一边被世间不可理解的残酷所蹂躏，一边确保了自己精神上的一尘不染，而拯救了我纯洁灵魂的就是时常陪伴在我身边的古尔德的音乐。

我认为，古尔德最杰出的作品应该是 1982 年那张他临终前重新录制的《哥德堡变奏曲》。通过 1955 年录制的《哥德堡变奏曲》，他第一次出现在公众面前，而最后一次录音，他仍然选择同一曲目作为谢幕，约三个月后，他本人去世了，我想这并不是他事先计划好的，但他仍不愧为一个奇妙的人。最初的《哥德堡变奏曲》洋溢着年轻的生命力，与此相对，最后的《哥德堡变奏曲》充满了思索及对死亡来临的预感。我既觉得这是他最高境界的演奏，在专心致志地听的时候，我又觉得好像还有发挥的空间，可能要想被其潜移默化，还是等达到了那样的状态时再开始比较好。据说他最喜欢的书是夏目漱石的《草枕》，到底他想了些什么、思考了些什么呢？

如果说拯救了我 30 岁苦难时期的是古尔德的话，那么拯救了我 40 岁过剩时期的就是阿斯托尔·皮亚佐拉。进入 40 岁后，我开始从事与图书馆及美术馆相关的工作，可能大家会认为工作应该进入到顺利的时期了吧，但实际上并非如此，用一句话来概括，其实处于拼命状态。要应对肩上担负的责任重担，要担心作品的水平是否令人满意，我的脑子里装满了这些东西，每天必须处理大量的信息，无数的矛盾、误解、裂痕等接踵而至，几乎连处理的时间都没有。

那个时候，皮亚佐拉回来了。写他回来了是有原因的，实际上我20多岁去西班牙的时候，在还不知道皮亚佐拉和他的音乐的情况下，我见到了他本人。当时，有很多从阿根廷逃亡到马德里的文化人士，其中一个诗人是我的朋友，对我说："应该听听这个。"然后递给我的磁带就是皮亚佐拉的音乐。虽然友人说过："这才是音乐。"但当时我并没有理解他的意思。

这是我从来没有听过的音乐，有一种不舒适感，包括不协调音、突然的变调、班多钮手风琴的黏黏的旋律，当时我心里只有一个感觉，这是什么呀？但不可思议的是，自从听过就不能停了，在听的过程中慢慢形成了习惯。因为那段时间我只听这一盘磁带，磁带最终都被划坏了，慢慢地送我磁带的朋友也不知去哪里了，我始终不知道演奏者是谁。那之后经过了20多年，有一天不知在什么地方，突然又听到熟悉的音乐，就是阿斯托尔·皮亚佐拉的音乐。这时，在我脑海中又浮现出前面我所描述的那种喧嚣，但皮亚佐拉的音乐真的是直接敲击在我的心上，我被震动了。从那以后，不管是白天还是晚上，我一直持续地听皮亚佐拉的音乐。

CD《Hommage a Piazzolla》的解说引用了智利亡命诗人巴勃罗·聂鲁达（Pablo Neruda）的诗句，皮亚佐拉的音乐是"人类充满缺陷的混乱状态……好像受到酸的腐蚀作用，在劳作时沾到了手上，充满了汗与烟、百合花的香味与尿的骚味，我们的各种行动——不管合法与不合法——分散地嵌入其中……像旧衣服上的污秽，肉体也同样，食物的沾染、羞耻、皱褶、观察、做梦、觉醒、语言、爱与恨的宣言、荒谬、冲击、牧歌、政治性、否定、怀疑、确定等浸润其中"。

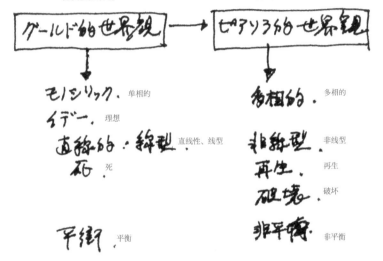

古尔德的世界观

皮亚佐拉的世界观

グールド的世界観 ⟶ ピアソラ的 世界観

モノシリック・単相的
イデー・理想
直線的・線型 直线性、线型
死 死

平衡 平衡

多相的・多相的

非線型 非线型
再生・再生
破壊・破坏

非平衡・非平衡

103

（引自《关于不纯的诗》）

读了这些诗句后，我完全理解了，因为那时自己的思想就是这样的。不可思议的是，当时的电影《邮差》成了话题中心，主人公是邮局的邮递员，电影中邮件的收信人就是聂鲁达，讲的是同时代的事，使我心潮澎湃。不久，演奏皮亚佐拉的音乐开始频繁起来，马友友演奏的皮亚左拉的乐曲被用在商业广告里，变得非常流行；另外，天才小提琴家基顿·克莱默（Gidon Kremer）在古典音乐会上演奏选定的皮亚佐拉的乐曲成为惯例。这期间发行的 CD 我全买了。

其中的一盘 CD《El Tango》的解说中，克莱默说的话非常有意思。

"在现代音乐作品中，只为了自身而存在，毫不受外界影响的东西并不少见。……由于这样的作品要求具有鉴赏用的知性理解力，以及不能达到直接打动听者的心等原因，我很担心它们会被埋没在书桌的抽屉里或图书馆中。……更害怕这些是'为了作曲家而创作的作曲家的作品'。……在说到美的时候，说到建筑的美以及艺术、人类、爱的美的时候，头脑中一定会想到皮亚佐拉的音乐。我之所以信任皮亚佐拉的音乐价值，是因其通过怀旧的语法展示出更加美好的世界，但是全部隐藏在一支探戈曲中。"（翻译：栗田洋）

我想将这里所说的现代音乐用现代建筑来代替，音乐是反映时代的东西，建筑也是反映时代的东西，我想这代表着发生了同样的事情吧。古尔德为之奋斗的，皮亚佐拉为之奋斗的，可能也是相似的东西，不问既有观念，在音乐及产生音乐的人类的本质中近距离地搏斗。我想即使攸关性命，如果能有同样的心情，必定是件很伟大的事情。

CD-ROM中的时间

经过用语言无法形容的繁重和辛苦，终于完成了"海之博物馆"的设计工作，之后一连串的幸运事落到了事务所头上，在几个同时进行的项目中，就有1984年的建筑家CD-ROM系列。虽然是八字还没有一撇的企划，但我被CD-ROM这个话题所吸引。现在想起来，那的确是当时代表时代进步的企划，经过了15年以上，即使技术更加进步了，但我再没有看到能超越它的企划，我想在企划及内容的水平上，至今没有太大的进步。

怎样考虑数码新闻媒介空间？在新媒体中怎样表现？这些都是非常重要的问题，在今天可能没有什么稀奇，但在当时还是相当崭新的尝试，谁都不知道要怎样组织整体的构架。但是既然要做，就必须采取与新媒体相符的、杂志媒体做不到的新做法，否则没有任何意义。如果只是使书籍数字化，那太没有意思了，稍微让影像动起来，也不算什么；如果只是想使其变得奇妙，很快就会被时代超越，变成落后的陈腐的东西。

新媒体应该有新的表现，我很想挑战一下，因为不论什么，我都喜欢新的。我考虑了很多，但怎么也想不出好的点子来，因为没有把握CD-ROM中展开的数码世界的意义。首先是自由介入的问题，在任何想法里都能自由飞翔，展开的事物像以前的模拟空间一样，能够形成系列的直线，也能零散地存在，重要的是什么都有，但就因为什么都有，反而变得困难起来。

在这样或那样的构想中徘徊，时间一点一点过去，眼看就要到截止日期了，结果我就选了一个以"时间"为主题的方向。在"海之博物馆"项目之后，我开始经常思考关于建筑与时间的问题，我们生成了不能直线返回的模拟空间，与此相对，CD-ROM 中的时间是可以置换的数码时间，我试着来表现这种对比。

说起设计事务所，就是在有意思的地方工作，绘制设计图纸及制作模型，为以后将要发生的事情做准备，因此那里涌进了大大小小各种不同的未来。而设计的行为，就是构想还看不到的建筑，进而必须将建筑生存的时间纳入视野，面向宿命的未来。与此同时，设计应该为了达到一定的阶段而不断积累，包括逝去的过去，所以每天在设计事务所的工作，就是建立在一直以来的研究基础上的。

因此，在设计事务所一天的工作中，蕴藏着过去和未来，也就是认真地理解了每个时间断面后，自然而然地会产生重新构筑未来与过去的必要。针对涌进来的过去与未来，我所做的就是指引并接近时间断面，我试着在自己活着的时间段里寻找某一点，取其断面，进行要素分析，然后在数码空间中进行再构成。

当时，事务所正同时做几个项目，我基本上一整天都是在事务所里度的。切开哪里的断面，都应该能看到过去与未来，因此从早晨上班开始，到夜里下班为止，通过一天的会议讨论，渐渐地我追溯到了项目的过去。不仅如此，未来项目也会朝着这个方向前行，因为从切开的断面中体现出的过去矢量，其前方就是诞生建筑的未来。实际上，在 1995 年 8 月 26 日那天，我一直思索着过去与未来的表现，这一天是我 45 岁生日，我试着添加一些无聊的诙谐因素。

CD-ROM 中展开的数码时间与我们习惯了的东西不同，存在着"被截取的那个时刻的自己"，正在编辑着那个时刻的过去与未来；另一方面，如果从那一刻起开始，未来里存在着"正在编辑 CD-ROM 的自己"。这样想过之后，头脑开始变得混乱起来，为了整理混乱的头脑，我画了下面这张图。

如今想来，通过这个企划，创造出了摒弃在过去的时间点上的数码空间吧。从这个 CD-ROM 上，可以鲜明地回想起在那个时刻，自己正在思考什么、正在做什么，并且参照过去，现在的自己也存在于这张图中。这里有一套像俄罗斯套娃一样镶嵌几层的时间戏法。

时间一直在起作用，一直在改变着夹在过去与未来之间的观察者的意识。过去的自己与现在的自己不同，未来的自己可能也与过去的自己不同，过去的自己是被观察的对象，在过去的某一时刻涌进的未来不止一个，而是有多个未实现的未来。所谓时间，是很不容易超越现实的概念。

我想起了堀田善卫写的新闻杂记，好像是《古希腊人从背上走向未来》，写的是一边眼望着过去，一边面向后面的未来，好像拥有这样的时间感觉。这与现代，特别是 20 世纪的现代所努力的方向完全不同，20 世纪的现代所指向的目标是像诗人特里斯唐·查拉（Tristan Tzara）及安德烈·布勒东（André Breton）所憧憬的那样，其根本所在是与过去决裂。我们接受了现代的思想，与过去完全割裂开来，只一味地望向未来，而从没有接受过将过去与未来连接起来的思考方式的教育，这可以说是留给 21 世纪的巨大课题，同时也是建筑及城市的主要主题。

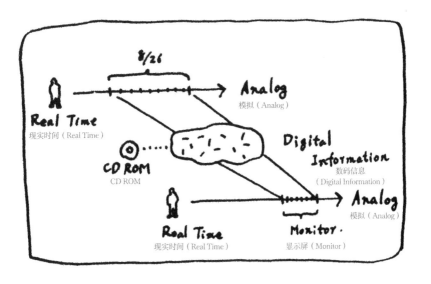

建筑风格

编辑显示出不安的神情，问道："看不到结构吗？"于是业主委托我采用一贯的木造轴组结构方式进行细致的设计。完全不懂世上的事情，不知道结构并不是为了风格而存在的，于是自"海之博物馆"之后，能够看得见结构的建筑好像被看成是我的一种风格了。

世界上大多数建筑师能够看到自己对所固守的风格拥有多大的自信，但遗憾的是，我却不具备这样确定的性格，总是迷失在自己坦率的地方。我总是不停地自问："这样到底好不好呢？"虽然不是一个优柔寡断的人，但在有关建筑的时候就不一样了。因此，遥望别的建筑师们自信满满的姿态以及自己的主张，我总是很有感触。

然而，实际上是这样吗？建筑师也是人啊！我猜想，在建筑师们给我展示的这种自信态度中，隐藏着被放置在一边的特殊事件。为了说服任性的委托人，至少自己对外的姿态不能崩溃吧，如果没有自信或表现出不安的姿态，对于需要巨大投资的建设方来说，会让他们产生怀疑，所以外表的姿态不能崩溃。进而，有了好的作品，并得到在杂志上发表的机会，接下来就会获得世界的瞩目，各种各样的人会提出自己的意见和感想，对此建筑师必须用心听取，但不能让大家看到自己没有自信的样子。委托自己设计的委托方也好，登载了自己作品的杂志也好，所要做的工作就是给出一种风格，因此，不管是真的还是装出给大家看的样子，建筑师要追求风格，这是一个复杂的职业。

然而，这样的事怎么都无所谓。高迪（Antonio Gaudi）似乎说过Originality 就是回归 Origin，意思是说通过自己回归起源。给别人看的自己是浅薄的，我总是反复思考，是不是因为围着自己转而迷茫了，所以才设计出这样的建筑。在这个时候，就会诞生出将自己视为第三者的想法，会想：自己到底在哪里？在哪里徘徊呢？为了进行再确认，于是我试着画了这张示意图。试着寻找出自己正在做的事情是在这里还是那里，作为安定剂非常有效，将自己的位置客观化，也会与自己工作的战略化紧密相关。

首先，必须确定坐标轴，其要领就是要大胆、清晰地思考，仔细考虑后，就会注目于细节，变得看不清大的流程了。大概就好，因为自己不是历史学家，也不是评论家，至少属于创作的一部分，有一点偏差也无妨。然后，试着在确定下来的坐标轴上划分事物；接下来，试着考虑绘制出的各自风格之间的关系；最后，看见自己所处的位置后，开始画自己所面对的矢量。做过这样的工作后，不可思议地放下心来，进行试行错误的自己所面对的前方慢慢变得清晰起来。

在西班牙期间，我的老师费尔南多·伊盖拉斯（Fernando Higueras）是在西班牙内战后、佛朗哥（Francisco Franco）将军长期军事政权统治时期，充满不幸的建筑界里的一颗年轻新星。作为一名艺术家，他追求精神自由的一面较强，因此对政治没有兴趣，他本人的政治倾向既不左也不右，所以被时代的波浪所吞噬。佛朗哥死后，中间左派势力掌握了中央政权，掀起了静谧的战争。在这股历史潮流中，建筑界也受到波及，费尔南多本人与其过去的造型性本土作品，作为旧体制的象征被痛击，刚刚完成的高水平作品也没能幸免，全部被拒绝发表。

我在西班牙的时期正是佛朗哥政权向左派政权转移的时期，社会非常混乱。费尔南多对自然中浮现出来的美抱着形而上的兴趣，又从本国的传统聚落里发现了形而下的美，这些都在他的作品中保持了不可思议的平衡。但是，另一方面还存在着以年轻一代为中心、追求英国及法国流行建筑的潮流，这就是涵盖了现代模式、以玻璃与钢筋为主的现代建筑的方向。

费尔南多也迷茫了，我因为就在他身边，所以非常清楚。在浏览着登载了新式建筑的建筑杂志的同时，他经常画一些这样的图：现代建筑、历史建筑、传统建筑，一边画着这些建筑，一边露出悲伤的面容，说道："我想处于这些建筑重重包围的中央。"

我在苦恼的时候，就试着描绘出自己的立场，自己虽然还没有达到他那个程度，但 3·11 以后，状况发生了变化，可能到了建筑师必须要鲜明地表达自己立场的时候了。那个时候，自己会和他一样画出示意图吧，当然，我想自己与他所处的立场是不同的。

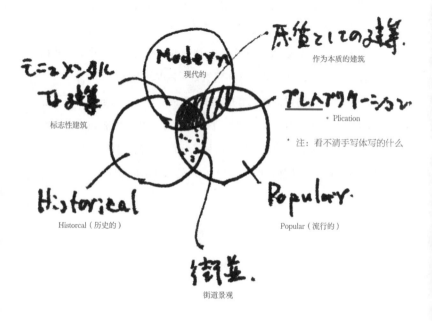

作为本质的建筑

現代的

标志性建筑

• Plication

* 注：看不清手写体写的什么

Historcal（历史的）

Popular（流行的）

街道景观

建筑师平时总要面对用地的需求，这是宿命。于是有了观察别的建筑师工作的机会，不管用地是城市还是乡村，根据建筑师是否能针对土地得出正确的判断，可以看出其设计能力的强弱。对于建筑师来说，怎样面对所给予的用地条件是一件非常严肃的工作。

　　到目前为止的工作中，我没有发现有相同性格的用地，我想无论哪一块用地，都拥有自己独特的个性，实际上每块用地都具有自己的尊严，这是不可替代的。由此，决定与用地怎样互动、怎样相处的第一次碰面，对于建筑师来说是非常重要的仪式，因此在最初考察用地时多是一个人去，而且，那个时候一定要尽可能研磨出自己的感性来。第一印象非常重要，如果这时犯了错，有了先入为主的观念，其后的修改工作会特别辛苦。这与友情、爱情等人际关系一样，有的用地第一次见面时感觉很好，但其实性格非常恶劣；有的用地怎么都觉得不合群，但仍然试着继续相处，结果有种说不出的感觉，必须进行充分确认才行。在给予了一定的条件时，关于建筑有时会有直觉闪过的情况，这是很有希望的事情；但大多数情况是把握了用地的利用方式，并给予其一定的意义，但摸索建筑的设计方法却是持续的苦难。只要建筑建造在用地范围内，用地就是建筑师永远的课题。

　　如果用地具有鲜明的性格，只要考虑良好的利用策略即可，在建筑设计中，具有克服缺点、发扬长处，像魔法一样的手段和技术。但是，也有用地性格模糊不清的时候，或者碰到的用地性格沉默，跟这样的对手相处会比较困难，这时就需要发挥超乎想象的能力。

在对手无语的情况下，必须自己从其内部引导出语言来，这时仅仅是解析用地根本不够，不能用接受的姿态，而是要从自身出发，积极地与用地对话，引导出意义。

在这里出示的示意图只是其中一例，基本上无论面对什么样的用地，我都会画出这样的图。就这块用地而言，相对的性格素朴、鲜明，但也给人一种与茫然中居无定所的巨人成为对手的感觉，因此在大规模区域进行建筑设计时，首先必须赋予其清晰的性格。

该用地是在富士山下的御殿场，平缓的坡地嵌在广袤的森林地带，这张图是称为伦理研究所的社团法人委托我设计研修所时画的。该团体数十年前就在此建立起研究所，由于建筑老朽化严重，所以需要改建。用地规模很大，横向幅度也较宽，整体面积约有 2 公顷，在见到用地的一瞬间，我对设计成什么样好、从哪里入手好等一系列问题毫无头绪。现状已利用的土地大约占三分之一，因为要建新的大型建筑，我想有必要思考和描绘整个用地的愿景，因为要确定在哪里、怎样建造建筑，必须把握整个用地，并重新构筑其构成才行。

从既有的利用形态中，我将其划分为现在正在使用的区域、今后要建新建筑的区域、未来要发展的区域三大区，赋予其各个不同的个性，在此基础上，确定了要建的新建筑的性格。换句话说，从保留有既有建筑的左侧区域开始，分别定义了过去、现在、未来等不同的区域。通过这张图，热爱既有建筑的人们也可以安心了。

在设计的工作过程中，经常会发生迷路或者进入死胡同的情况，虽然是连续不断的试行错误，但是每次都有这样的图将我带回到原点。如果用容易理解的示意图来表达大致取得的一致意见的话，每次与顾客一起回到这张示意图中去思考即可，也就是说，示意图成了一种交流的工具。

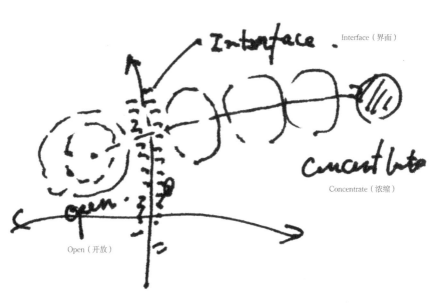

Interface（界面）

Concentrate（浓缩）

Open（开放）

建筑・城市・土木

多年来，我一直作为东京大学土木学科（现在的社会基础学科）与建筑学科两方面的非常勤讲师，担任设计研讨科目的教学任务。在这期间，筱原修先生委托我担任土木学科的专任讲师，于是从2001年起，我开始真正地在研究室工作。这与我想象的人生不太一样，也没有像我预想的那样发展，因此很有意思。在我的人生中，指引给我一条意外的发展道路的是筱原修先生，我很感谢他，这就是命运吧。

工学系的前身——工科大学的第一代校长是建立土木学基础的古市公威，所以土木学科至今保留了其自负与传统的精神。它与后来成立的造家学科，也就是今天的建筑学科的关系，从一开始起就很难说好，而且，尽管拥有结构专业及材料专业等多个接近的工学专业，但两者之间几乎没有实际的交流。就这样虽然是邻居，但在100年间，却培育起了各自不同的思考方式与文化，我在担任专任讲师前的几年，曾担任过这两个学科的非常勤讲师，所以非常清楚二者在文化及思考方式方面的不同。原本为了填补二者之间的鸿沟，专门设立了培养两方面人才的城市工学科，但还是产生出了各自不同的价值观，所以土木与建筑之间的桥梁仍然没能建立起来。

两者之间的融合发展非常曲折。土木学自明治时期开讲以来，通过讲座制体系，以技术教育为中心，不设教授设计的科目，与以设计技术与设计本身为教学中心的建筑学正相反。如果不慎卷入其中，那就是在挑战谁都没有做过的事情，这种挑战如果作为局外人只在边上看，可能很有意思，但也有可能是在找死，变成了小丑皮埃罗就结束了。不管怎样，既然有东大教师的荣誉所在，我不想将人生10年的大好时光虚度了，但通过荣誉与立场充实起来的这10年实在是太沉重，是我没有想过的，重要的是能否将被动的状况变成自己能把握的事情吧。

我要架起连接土木与建筑的桥梁，并且把打通土木、建筑、城市等不同领域之间的壁垒作为己任，作为自己能发挥的作用。我想就算作用再小，也有做的价值。于是我用10年执教的觉悟认真地工作，其中也有面对困难绝望的时候，但如果没有这些，就失去了我在此工作的意义了。

从建筑过渡到土木，并且不是东大毕业生，只是一个普通私校毕业生，进而连博士学位都没有，这样的人能站在讲堂上，就像玩乐惯了的城市女孩突然嫁入高门槛的乡村传统家庭一样，仿佛NHK播放的早间电视剧似的。不过，如果真是早间电视剧，那么通过努力、奋斗，就会变得柳暗花明，而我这边的现实却有些严峻。

不论什么样的情况，我都会做适应新环境的尝试，如果获得的东西在自己身上发生了消化不良，那就是自己的失败，说明自己度过了一段无聊、没有完全燃烧的时间。东京大学，或者并非专业领域的土木，就像需要充分咀嚼的牛排一样，如果半途而废就会消化不良。要问为什么，那是因为想要留下一些痕迹，因此，要拥有能充分应付挑战的理想才行。

工作之后最让我吃惊的是，建筑学科、城市工学科、土木学科等不同领域之间几乎没有交流，这实际上是一个奇妙的体制，反映在新加入者的奇异目光里。在这里工作之前，我完全不知道有这么一回事，从本乡正门进去后，我就在那一带一直想着，这里大概有人正在思考重要的事情，具有综合性见解，在国家发生大事的时候，可以发挥司令塔的作用。像关东大地震那样的天灾也许明天就会发生，我想专业领域之间进行交流是理所当然的事情，但是我所碰到的却是不同类型的常识。各个领域都有自己的学会，同样在校内也没有沟通，各自培养着自己不同的文化。建筑与土木自明治以来，已经隔绝了100年，而各自学科的老师们也坦然接受这样的事实。

工作之后不久，我被要求在大家面前发表一个表明意见的迷你讲座，因为对手就是国家的核心——东大，所以即使普通的事情也变得非常复杂了。这里有很多聪明人，我只能变成一个蠢人，"明知道是蠢事也要傻傻地说出来吗？"如果是我相信的事情，我当然不会怀疑。这时画的就是这张图，可能大家会冷眼相看，"什么也不懂，一个不知从哪里冒出来的家伙说出这样天真的话！"，我感觉多半会有这样的遭遇。

在半途而废的事情变得具体起来之前，作为什么也不知道的新人，本来就应该提出自己青涩的意见，"唉，他什么也不懂，没有办法呀。"我一边感受到后背传来的冷笑视线，一边坚决将自己感觉到的事情说了出来。"如果是真正感受到的事情，就要毫不畏惧地试着说出来，但是要对发言负有责任感。"这是我以研究生身份写《新建筑》的月评时，吉阪先生对我说的话。也有仅限于新人的不谨慎发言，在这种情况下，就要行使其权利，然后担负起责任来就好。

由于语言会消失，所以我在图上做了标记。我已经不记得最初展示这张图是在什么样的场合上了，但后来一有机会，我就会把这张图拿出来给学生看，想在年轻人的脑海里留下印象，因为只要刻入他们的脑海里，什么都会变成现实。筱原先生虽然笑着看着我，但他一直没能完成的事情，突然间被一个意外的家伙给画出来了，他心里可能会有不安吧。

我想说的是，我画的是从土木、城市、建筑等各领域最容易相连的地方入手，最后使其成为一个整体的理念。可能会有人觉得："这是什么呀？这不是谁都会画的吗？这想法不是只有学生的水平吗？"一见之下，可能会觉得这是谁都能想明白的事。"理想虽然是这样，但土木与建筑之间已经隔绝了100年以上，20世纪60年代后半叶，为了统合二者的隔阂而建立的城市工学系虽然也想有所作为，但也没能成功。"我常常听到圈外传来这样的声音，然而在内部坦诚地说出这样愚蠢的事情有其意义所在，所以我要利用容易理解的图来解释。

时间的流逝是件有意思的事。多年以后，建筑、城市、土木三个专业应募文部科学省[1]牵头的"21世纪COE工程"，以"创造城市空间的持续再生学"为题目，拉开了共同战线的序幕。经过5年的时间，第一阶段结束，现在进入到了称为"GCOE"的第二阶段，共同

---

[1] 文部科学省是日本的国家行政机构之一，负责教育、科学技术、学术、文化及体育领域，相当于我国的文化部和科学技术部。

战线也在继续发展。比我想象的要快，图中的构想已经一个接一个地实现了，可能只是这个时期才会有的偶然事件，但我想已经如流水般地获得了成果。如今，每周都要举行一次各领域的横向联合会议，想来如同隔世，如此下去，未来可能就有希望了。

COE 是文部科学省向大学组织撒的诱饵并且产生了效果，当然最终推动人行动的还是资金，尽管不愿意去想，但重要的是有了结果就好，无论手段如何。对于世界来说，对于大学来说，只要产生了良好的状态就好。

只要达到了目标，过程怎样无所谓，因为看到某事变成了现实是件高兴事。也许只起到一点点作用，但我刚到任时在自己愚蠢的性格基础上画的图，可能具有促进发展的作用，这样想着非常快乐。

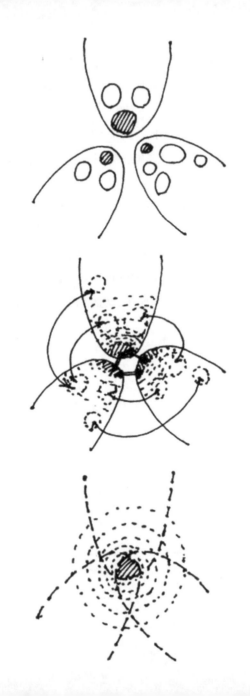

教学

虽然与我本人性格并不相符，但我在大学讲课的机会渐渐多起来。从我所经历过的事情中，想教的东西太多了，由于时间有限，不可能全部传授给学生。在开始教学的最初，我意识到有关建筑及设计的事情比想象的复杂得多，不管怎么耐心地教学，在大学的课堂及研讨会中所能传授的大概只占百分之五吧，如果不尽全力去教的话，会产生很多误解，或者变得过于自信，到头来恐怖至极。我在讲课的时候，尽量去掉自己的主观姿态，只提示出自己思考方法的大框架，将其作为反面教材，然后让学生自己去思考。

我很幸运，所教的学生均是学业成绩优秀者，他们没有一个例外，都讨厌失败，多少抱着自信与自负的精神，只要给予刺激就可以了。他们对我所思考的东西理解很快，然后总是沉浸在要创造自我世界的冥想里。对于这个倾向没有别的办法，与其提示给他们一个不可能克服的悬崖绝壁般的思考方式（我原本没有这样的想法），不如提示给他们一个前方看得见的像山丘一样的愿景。由于独断专行，使得缺点更为显眼，试着暴露一幅满是漏洞的愿景比较好。学生们好比电脑，因为具备大容量的硬盘，只要制造一定的契机，他们就会飞跃得比预想的更远。

另一方面，有时我也会感觉他们的思考像一张平板，在感性方面，年轻人比较钝，这可能是由统一应试制度形成的学习风气造成的吧。优秀的头脑里不一定就有优秀的思考，或者说，陷入被称为优秀的流行病中的年轻群体就在眼前。对于应试学习风气而造成的流行病，必须从治疗方面入手，而要达到治愈程度，工作量并不大。虽然被轻视会产生相反的效果，以后不容易处理，但只要将我自身的愚钝展示给他们看即可。与学生们有了对比，反倒会长时间生气勃勃地生活下去，因为失败及误解的例子里不会缺少故事，并且只要讲我自身由于不具备优秀的品质所导致的思考错误的事例就可以了。

在课堂授课中，相比优秀，聪明更有话语权。在世界的价值观要发生巨大改变的今天，所追求的与其说是掌握事情要领的优秀，不如说是通过自己的思考展开未来的聪明。优秀不需要想象力，但要想聪明，创造性思考不可欠缺，优秀与聪明，后者的困难程度要更高。

大学报纸来采访，被告知："说什么都行。"所以，我说了一些主观臆断的话，我说："认为自己没有能力的学生，只要顺着别人指出的道路前行就行；而觉得自己具有某种才能的学生，应该去挑战别人没有做过的事情。"在我就职的学校里，学生都是通过严格的选拔挑选出来的，他们几乎都确信自己是优秀的，因此会对我说的话感兴趣吧，因为说到了学生的自尊心。

但是，真正要从这里开始，前方却有艰难险阻。谁也没做过的事情，谁也没想过的事情，没有谁来教你的道理，必须自己思考，所以需要丰富的想象力。对于我来说，当初并不打算提示他们去做谁也没有做过的事，然而，这样的思考方式倒是可以作为范例。要说明这一点时，我画了下面这张示意图。

试着将思考引向相反的一面。如果有觉得好的东西，就试着想象与此相对的另一面，试着否定自己觉得正确的事情，比如认为某件东西很美，就试着想象一下另一面不美的东西。我在说明这件事情

主义   ·铁路   被回收

技术性   ·机动化

乌托邦式理想主义   ·化学

掠夺性资源 XX 主义   ·电脑

Cf. 马克思主义

塔姆贝尔格（Eino Tamberg）

XX 地理学

风土（和风）较好

文化引入其中

自然、环境

新的场所

XXX 关系

与世界的关系

与未知事物的关系

新的定义

汉娜·阿伦特（Hannah Arendt）

·消费主义

·整体性官僚主义

·世界的疏离

从世界的现实中逃离

与本质同等

重要性

X 型成生

X 祝   场所

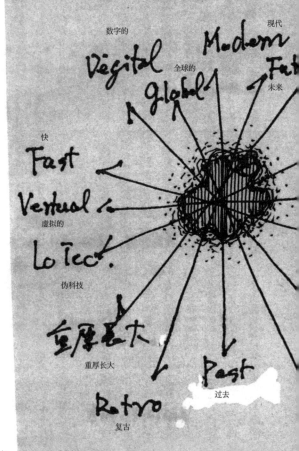

数字的   现代

全球的   未来

快

虚拟的

伪科技

重厚长大

过去

复古

* 注："X"为原文看不清的字

·电脑→模拟
   重力系统→风
·生态，从日出到日落
·信息…最早的语言出现在伯特利(Bethel)吧
   禅…
   扔掉语言，促进与世界的恢复
   意义归零

中文图

轻薄短小

高科技

真实的

慢

模拟的

本地的

· 环境思想与空间文化

Cf. 产业革命　大城市　贫困

· 19 世纪　社会改革运动

《共产党宣言》

· 文化→约翰·拉斯金（John Ruskin）中世纪《威尼斯之石》

1843 威尼斯

铁路

· 威廉姆·莫里斯（William Morris）

空间文化与环境

连接

龟裂的渐定的调和　· 莱奇沃斯（Letchworth）·田园城市

· 乌托邦社会主义

· 在造型上 XX

· 奥斯曼（Georges-Eugène Haussmann）·大城市、水、绿

· 卫生思想

· 布尔乔亚的调和

机动化

· 柯布西耶（Le Corbusier）对奥斯曼的大都市的批判

但是，水与绿

· 高速公路　景观→国粹主义

海克尔（Ernst Haeckel）　生态学思想

Totto　人工斜面　注重土地

风景与土地是人类生活的基础

· 林荫大道

视觉性调和的恢复

功能主义　　　　　　→　　景观

城市景观

凯文·林奇（Kevin Lynch）

噪音、化学污染　　　　　　环境

生活多样性

视觉性调和的恢复

工義

技術 66
ート セッラ的 理想主義
?络的 資源 意識
cf. マルキシズム.

タンベリク.

組地理学.

土(和迅)が多い
文化が練り込まれた
自然・環境

新しい 場所
ていしい 関係
記と世界との 関係
未知なるものとの 関係
新しい 定義
ンナハーレント
・消費識
全体的 管理主義
・世界の球外
世界のりがりるの
比歴.

本性と同等.
全景性
慾型 成生.
祝. 場所.

・鉄道
・モータリゼーション
・化学.
・コンピューター.

回収される

Modern
Vegital
global
Fat
Fast
Vertual
Lo Tec.
至厚長大
Past
Retro

・コンピューター. ─→ シミュレーション
　　　　　　　　　　　動力系 ─ 風
・エコ. 日出 から日入まで
・情報 ···→ もっとも情報はバーテャルでないか
　　禅 ··· 言語を捨てて 世界との
　　　　　回復をする

・環境思想 と 空間文化.

  や 産業革命. 大都市. 貧困

    ● 19C. 社会改革運動. ←

        生産党宣言.

      ● 文化 ── ラスキン   中世

            ↷   「ベニ

          1843. ベニス

              鉄道

      ・ ウィリアム・モリス.

          空間文化と 遺産

    ↓ ⚒   つなぐ

亀裂の   ┌ ● レッチワース. ・田園都市
漸定的   │   ・ユートピア ネ主会社
調和   │   ・生形的には 併
         └ ● オースマン. ・大都市. 水. 緑
↓   ・衛生思想. パ
モータリゼーション.   ・ブルジョワ的 調和

↓
・コルビジェ. オース▢▢的都市の批判.
          しかし. 水と緑.
・・アウトバーン. ランドスケープ ── 国粋主義
    ↷ ヘッケル. エコロジー思想
       トット.   のり面. etc. 土を大切にする
      風景と土地は 人間生活の基盤.

┌ ・パークウェイ.
│
↓
視覚的調和 の回復   ── ランドスケープ
機能主義的   ┌ タウンスケープ
                │ ケビン・リンチ
↓   │ エンバイロメント・デ
軽音. 化学汚染   ↓
生物多様性

的时候，画了这张图。创造新事物需要灵活的思考，执着地追求不被既有价值观所束缚的思考。

"9·11"事件以后，我感到世间的思想从右到左都变得墨守成规了。当然不能允许人的生命被无理剥夺，或者发生那样的恐怖行为，但对于不可避免的情况或置于恐怖事件的人们，我们的理解很重要，光是口头谴责恐怖事件远远不够。光说"恐怖事件不好"，这是否变成了一种思想停滞呢? 要想理解说话、做事以及价值观不同的人，广泛的思考是否不可缺少呢? 在有这些想法时，第一次我觉得真正意义上的聪明已经萌芽了。

WTC（美国世贸中心）

做现场报道的 CNN 女记者站在以吐着烟雾的 WTC 为背景的画面前，脸上流着泪，不停地说着什么，突然，其背后高耸的双子塔中的一栋开始崩塌，当女记者注意到这个情况时，她不断地发出悲鸣。我至今仍不时地回想起这番光景。

这是一种不可思议的崩塌方式，冒起的烟尘向外翻卷，我目不转睛地看着画面，"为什么会这样呢？"当有异样的事情发生时，人就会有一种不可思议的感觉，那以后，我一直处于事件的悲惨性及社会状况的变化以外的世界里，脑海里只留下了不可思议的崩塌气流。根据 CNN 视频中的影像，我画了这张速写，气流从内向外翻滚上升，好像要把崩塌的大厦吸进去一样翻卷着。

"9·11"事件引起了人们的广泛议论，比如说这是基督教的西欧文明与伊斯兰教文明的冲突，或者是伊斯兰教与犹太教的冲突，或者是对资本主义全球化的抗议等，有各种说法。我是建筑师，所以有从文化与文明两个方面看待事物的习惯。我认为要想有深刻的文化理解，有必要叠加对事实的多种解释，解释是指人对普通事物的发生有怎样的想法，也就是人的心理趋向。但是，这很复杂、奇怪，并不总按照人的意志行动，也有在无意识领域里活动的情况，因此使人朝着行动的方向聚集的要因并不仅限于理论性。另一方面，文明的解释几乎都是技术论，所以要借助于技术道具，努力理解到底发生了什么。

两者都不能给出答案，大多数人会说："这样啊？"然后捏造出最能接受的解释，即使只是令人厌恶的触碰，也会在身体的某个部位留下印记，但历史仍然会继续向前进。没有遭遇这件事的下一代人，毫无疑问会用制造出来的、容易理解的解释来看待历史，这样下去，错误总会反复发生。

由于山崎实的设计而出名的这座大厦采用了当时最先进的技术，结构设计师是莱斯利·罗伯特森 (Leslie Robertson)，采用了前所未有的承重墙系统的合理建造方式，大厦中央是电梯交通核，外围的立面则由纤细的柱子支撑，然后横向架细钢梁，铺上地板，构成了整体。因为是极为高耸的超高层建筑，只要有一丝的不合理，就会造成莫大的经济损失，所以在可能的范围内，通过合理化系统的不断重复，可以产生经济性利益，在这方面，超高层项目具有一定的意义。

后来，我听到了各种人的意见，川口卫先生说："超高层所指的就是简单划一的建筑。"他是指追求彻底的经济性的建筑吧。而林昌二先生反问："非简单划一的超高层存在吗？"佐佐木睦郎先生听了后回答："真有时间花在这上面啊！"

我看过这样的模拟实验，将航空燃料放入中央核中，当内核自身变成 1400℃的高温时，就会从内侧倒塌，因为航空燃料碰到火的话，钢筋的耐火层等就会燃烧殆尽。我不知道真相的解明会达到什么程度，但是即使假设完全解开了，我还是觉得那种不可思议的倒塌方式不会被完全解释清楚；进而，也不可能知道为什么会产生那样翻卷的烟雾。事实就是这样，经常是无数的谜团都被葬送在历史的彼岸了。

我通过这件事感受到的是，关于文明及技术的本性方面的东西。现代技术追求无限的可能性，作为其手段，会采用带来极致合理性的体系。而这样做所获得的合理性有一个致命的缺陷，即局部的欠缺将导致整体的崩溃，也就是说，局部的破坏与整体的破坏紧密相连。要想避免这种情况的发生，体系就必须要包容某种冗长性，这与现代文明所产生的方向不同。在这里，我感觉到了21世纪新价值观的萌芽。

恐怖事件是我到大学工作半年时发生的，现在已经过去了10年。在这段日子里，那种烟雾翻滚的不可思议的感觉仍然留在我的脑海里不肯消失，在见到了当时画的速写时，对于事件的记忆又重新苏醒了。

网
络

电子邮件已经成为今天日常生活中不可或缺的工具，而对花在这上面的时间也不得不重视起来，特别是从我到大学工作起，收到的电子邮件越来越多。要维持组织的运行，就要有不厌其烦的繁杂手续，这使得电子邮件这种形式得以出现。最近我收到了大量的垃圾邮件，即使安装了对应骚扰邮件的软件，躲过阻拦的邮件量还是有一半以上。出差的时候，如果暂时不开邮箱，到时积攒的邮件数量会过百，有时甚至达到上千，我真是受够了，很希望别再烦我。重要的邮件会有一个两个，为了不漏掉，我不得不将全部邮件打开看一遍，实际上很费精力，而要删掉的邮件也需要大体过一眼，所以还是多多少少会造成压力的积累。本来是为了方便获得信息而使用的，结果却给自己带来没有缘由的不便，而要应对大量如潮水般的信息，需要制定出改变这种情况的战略。

首先，我的情况处于极为特殊的位置，必须先从说明这种情况开始。如果隶属于大学这个组织，不允许漏掉任何必要的最低限度的信息，大学、事务所、家，还有每周两次的出差以及年中不定期地从这里到那里，当初便利用便携式电脑，随时可以打开邮件看。虽然无论在哪里都能打开邮件，但后来觉得总是带着笔记本电脑走来走去很麻烦，因为无论在哪里都能打开邮件，也就意味着无论到哪里都被束缚着。我本最讨厌被束缚，这样与我的性格不符，想过之后，我决定只在大学、事务所、家里这三个地方才打开邮件看。

即使这样，还是会有时间不方便的时候。这时的我工作方式 非常复杂，无法预测我会在哪里，有与出差时间冲突，不能去大学的时候，也有不停地参加校内会议，无法动身去事务所的日子，这样就出现了不方便的时候，可能一周都没有时间打开邮件看。我开始考虑是否有更合理的办法，首先设定电脑，将最多的大学邮箱收到的邮件自动转送到家里的电脑上。

但是我仍然会在各个地方收到庞大的邮件量，暂时用这个方法过了一段时间，还是觉得不自由，被信息网络所缠绕，感觉自己围绕着信息团团转。

我这样忍受了几年，又产生了新问题。当时研究室配给我一台刚开始销售的"Mac Book Air"笔记本电脑，信息网络变得越发复杂，当然也可以不用，可是我又极为喜欢它的设计风格，很想带着它到处走。这时，令我头痛的是如何使这台电脑中纳入邮件网络。

如果是年轻人，可能根本不是问题，但对于处于高度信息化社会末端的我，就是天大的挑战。虽然被折磨得很惨，但必须处理的邮件数量还是一如既往地继续增加。

那时，我意识到必须使自己能控制、支配身边随处可见的信息网络，没有退路，我不是一定能接受挑战的男人，但到最后也不得不去做。打架或战争都需要战略，所以我试着画了这张示意图，是为了将信息网络引申到意识中，不得不做的工作。

电脑的数量、现在正在使用的邮箱地址、其中的信息、使用什么样的路径将收到的邮件转送到哪里、在哪里可以下载互联网中的信息、怎样保存等，我试着在图中整理了以上问题后，知道了至今为止我是如何任之发展的，对于信息化社会我是多么的无防备。

信息驱动着世界，其密度与速度一味地增加，这种潮流继续逼近建筑价值的根本，当然，更不用说建筑设计基础上的信息化，而且建筑是以人类为对象的工作，不能否认会被使用人所持有的心理状态所左右，在人类这边，还没有找到对应的办法。无论是私人的建筑还是公共性较强的建筑，都有必要意识到作为使用者的人类要怎样面对扑面而来的信息化社会，我想远离它也好，接受它也好，建筑设计的工作就是面对信息化社会，将生活方式的空间构成战略化的过程吧。

实际上，现在我的邮件环境比以前要简单得多，垃圾邮件的数量也减少了，不能漏掉的事务联络也没有了，因为已经不在大学工作了。我想，减少了邮箱地址数量，减少了电脑数量，变得如此不同啊！信息网络在终端增加的情况下，其复杂程度及数量是不是会呈现几何级增加呢？一定要减少，信息网络还是单纯一点儿好，也符合我的性格。

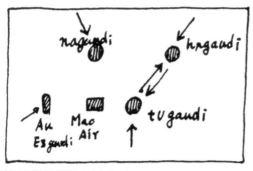

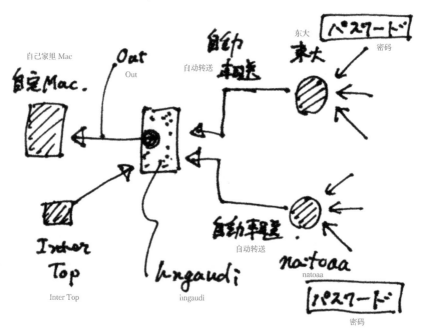

· 残留在网络提供商那里？？ 多少天 3 天

· TV Provider

hngaudi Provider

naa Provider

⊙ 数据　保存在 hngaudi →备份

⊙ Mac Air　无论在哪里都能见到三个

· 数据　必要的东西之外

· 扔掉

· nagaudi Mac 废止 →供应

自己家里 Mac

Out

自动转送

东大

密码

自定 Mac.

Inter Top

lngaudi

自动转送

natoaa

密码

丰洲网格

2004 年春天，我接受了一个掌舵大项目的建议。用地是位于都心的一块 110hm² 的空地，并不是要设计建筑，而是建立用地的利用理论，提出怎样建设城市的立案，要点是提出城市建设的战略。但即使这样，110hm² 还是太大了，全部建成要 30 年后，不可能在我有生之年迎来完成的那天吧。

问题是怎样思考这 30 年的时间。如果将钟表往回拨 30 年的话，你就会理解到底是多少时间：1970 年，学生运动，石油危机，美元危机，广场协议，泡沫经济及其崩溃，柏林墙的倒塌，苏联的解体，失去的 10 年，然后是 WTC。在所说的 30 年里，包含了很多东西，项目必须跨越这个时间才行。因为世界的状况会发生巨大变化，必须随着变化不断修改方案，才能持续进行城市的建设，这需要必要的智慧。

在我所知的范围内，一直以来这样的规划都要努力画出一张图来，然后将其作为总体规划图去实施，但几乎都会失败。如果是公共团体进行的大项目，大概会与当初的规划不差上下地实施完成，但并不能保证就能成功。总体规划会变成束缚的镣铐，大多数情况下不能很好地应对时代的变迁。所谓城市规划的工作，特别是现代的城市规划思想，一直呈连续的败势，由于容忍不断发生的现实问题而一路走来，渐渐迷失了方向。如果有前进的方向，当然另当别论。

这是因为忘记了城市是活着的事实。小孩子很少能像想象的那样培养长大，城市也一样，也不能像想象的那样建设发展。在历经磨难的岁月中，围绕城市的经济环境也会发生变化，如果是大的规划，还会受到世界形势的影响，而且会有很多意外的事情发生。未来具有很多的不确定要素，人生也一样，不可能如你想象的那样发展，我想，如果不将此设定为前提，规划就不可能成功。

这个项目由于是民间企业主导，没有办法做到城市形态上的壮观，必须要保持项目的收支平衡才行，目的不是形成富丽堂皇的城市，而是形成具有人气、人人都憧憬的城市。因为人们只有在精神世界丰富的条件下，才能在未来也抱着希望生活，其结果就是许多人愿意在此生活，愿意在此工作，从而造成该场所的价值上升，这才是项目开发者想要的故事吧! 因此，总体规划必须随着时间的推移而灵活地变动。

我提出的是三条故事脉络的构想，可以粗略地设定为最希望的状况、一般状况及相当恶劣的状况，以 10 年为单位进行划分。这样做了之后，可以出现 9 个分格，在空间与时间的延伸中，试着浮现出这 9 个形象，这就是通过我的提案，将其图式化的示意图。

在这张图中，重要的是可以移动到任何一个分格中，也就是如果将最初的 10 年设在最好的故事中，下一个 10 年也许就移动到了最差的故事中。示意图中所显示的是，即使真的变成了这样，有必要提前做好可以不中断故事而变速的设置，以及为此准备好的故事脉络。

在未来的时间里充满了不确定要素，30 年的岁月也应该包含着各种各样的不可预测的事态。为了最终建成健全的城市，要提前预测所有事态的发生，并提前做准备，不能固守于不变的总体规划，至少也应该合成几个可能的发展方向。最终形成的城市就像这里所提示的"时间与空间的编织物"那样吧。

然而，这里所提示的愿景并不是城市的最终形态，而是城市最开始的样子，实际上城市必须在以后的长时间里继续生存，或者说这方面才是主要课题。这就好像人生，学校里并不是什么都有，而是后来走向社会，一个人生活的时间才更重要，要记住在社会上获得的东西要丰富得多。

与教育同样，我们能做的就是挖掘土地的最大能力，并使其具备对应将来遇到困难的坚强性。这样想过之后，这里提示的示意图可能就像大学课程一样的东西了，另外，也可以说除此之外没有别的意义，因为优秀的课程不一定就能培养出优秀的人才。

后来，自从画了这张示意图后经过了10年，很难说世界达到了最好的状态，这期间发生了"9·11"事件，还有雷曼兄弟公司倒闭，然后是"3·11"大地震海啸，必须从最坏的故事脉络开始。即使这样，接下来的10年并不等于会不变，到了重新思考要怎样做才能变得更好的战略，以及下一步战略要如何修改订正的时候了。

· 2008 年问题　　丰洲 PROJECT　PUBLIC SCHEDULE
· 2010 年问题　　其他的 PROJECT
· 防卫厅用地　　桥等周边 PROJECT

DATA　GDP
　　　人口
　　　首都圈

TOPICS

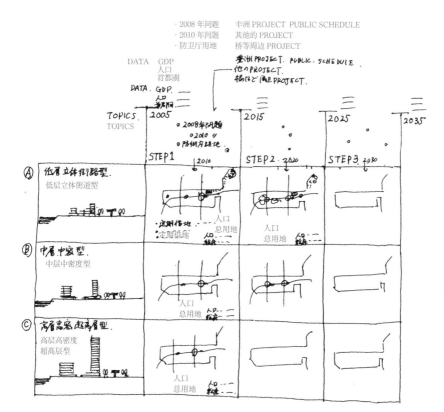

手的复权

某个不动产公司买下了沿千鸟渊的高价土地，该土地具有特殊的个性，被用来建造从来没有过的高价公寓楼，因此该公司以征求规划理念的形式征募投标方案。从土地的买入价与住宅的售出价的关系出发，房间布局几乎不能有任何改动，仿佛是在要求不能改变里面容纳的内容来设计洋服。是不是没有意义也要装饰外观呢？原本我在对应这样的尝试方面很不在行，但因为现场就在事务所附近的缘故，我多多少少产生了要创造出好一点的东西的想法。

这时，东京呈现出一片第二公寓泡沫景象，不管哪里都是建造公寓楼的工地现场。这种情况在20世纪80年代不是遭遇过痛苦的打击吗？真是健忘，没准什么时候又会发生。其中多数采用的几乎是法律限制边缘的容积率，将建设成本降到了无法相信的低价，利用某种形式的表面装饰，只徒然追求外观的华丽。可能因为是要销售的商品，需要能看得见的华丽，但是我却丝毫不想卷入这样的潮流中，心中感觉住宅作为一种偏离轨道的商品正被大量生产建设。

在我的心中，涌起一股想抗拒这股潮流的想法，既然是不考虑价格的高价商品，那么无论如何也要打造与此相符的真正品质，不是某种徒有虚表或者一时将就的材料，我想使用与表现所追求的空间质量毫不妥协的东西。我在这样的想法驱动下，希望提出新的方案，但可选择的范围实在太广，既然房间布局基本确定了，在此基础上必须确定风格，说得极端一点，就是只要接受房间的布局方式，什么样的形态都行。那么在这样的地方，到底什么样的东西才与此相符呢？

违背经济原则的事情是建筑师无能为力的，虽然可以做虚弱的抵抗，但这样做能取得的成果只能提示，是在与一过性的金钱游戏不同的框架里设计的。这非常困难，必须采用一种特别的方式，例如有一个苹果，从某个方向看的话，毫无疑问那是一个苹果，但实际上却是别的水果，例如梨。也就是说，因为不动产公司采用能不能卖出去的死结销售方式，必须计划卖出苹果，买方也打算买入苹果，否则生意不成立。所以在生意成立的那一瞬间，无论如何都要使其看上去像非常美味的苹果才行，然而，这边的策略却是梨。总之，相对于苹果生意成立的瞬间，如果长时间里更关心与时间同时产生的价值，就必须制造看上去像苹果的梨。

在做这种高难度游戏时，需要有缜密的战略，因此有必要整理好思绪，理解不动产游戏的结构图，确认自己所处的位置，分析自己的设计倾向，确定设计的战略。必须有意识地分开使用苹果的坐标轴与梨的坐标轴。

我在陷入到这样的困难抉择中画的就是这张示意图。也许不能确保总是顺利，我的小小计划也可能被像海啸一样的经济原则所吞噬，至少在现状中，我不是要添加附加值，而是以别的方法进行商品交易。然而，建筑的生命很长，在这段长时间里将完成抉择，我想在这里寄予很大的希望，但没有理由说使苹果看起来像梨的时代已经终结了。

我提出的方案是"手的复权"。作为长期的不动产商品，由于是被出售的东西，所以追求物理精度，被认为一定是均质的。通过技师的手制造出的东西总要存在一定程度的瑕疵，所以手工制作的痕迹被极力避免了。我提出将那个时期的不动产彻底排除的禁忌之手作为该建筑的价值中心，这也是一种销售工具。

这个梨看上去必须是作为商品的苹果，正因为是高级物品，"经过手工精心制作的东西"这句话应该成为苹果的销售宣传词。另一方面，我所追求的是随着时间变得越来越有价值，越往后越显著，并期盼着有人会夸这个梨的味道非常鲜美。

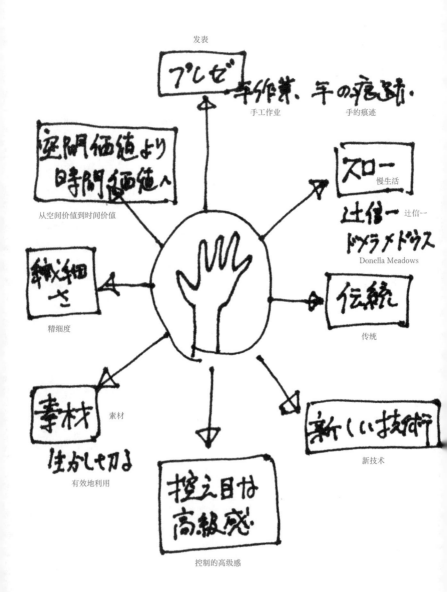

加贺的自画像

学术研讨会往往枯燥无味，从何时起开始举办这种活动的呢？要有学术性，要举办关于街区建设的大型讨论会，但富有变化、议论激烈的时候并不多。一般都是事先制定好和谐的日程安排，由于时间安排紧凑而不可能超越这个范围，尤其是政府行政部门举办的学术研讨会，基本上都是这种样子。

尽管如此，举办学术研讨会应该是因为具有一定的社会功能吧。在日本的文化中，普遍认为没有办法在别人面前论战，如果想要争论的话，就在会后的恳亲会或者酒会上做好了。如果真是这样，学术研讨会就变成了夜宴的前奏了，或许可以将学术研讨会定位为夜宴上刺身的佐料吧。

石川县加贺市的街区规划建设已经有 10 年以上了，最初是由设计一所覆盖再兴古九谷陶器的吉田屋窑遗迹的房屋开始的。我与当时的市长非常合拍，有过多次的各种商谈，其中就包括邀请我和筱原修先生做街区建设学术研讨会的小组成员。围绕加贺市的大多数事情，由于常年打交道，我知道得很清楚，所以在学术研讨会上的时间其实很无聊，什么样的问题怎样做好，我基本上都有很好的掌握，只是对于什么样的程序怎样实行好，我还没有好的想法。当然，这样的事情也不可能作为讨论的议题呈现在学术研讨会上，那是行政部门的事情。

毋宁说学术研讨会是为作为听众的市民举办的，在市民看来，街区建设就像飞机上的黑匣子，学术研讨会的主要目的是向最终受益的市民公开信息。这是非常重要的事情，但在这里并不能对新的想法及事实有明了的理解，因为从最初开始就是在讲台上讨论的题目，是没有结果的事情。

看看坐在旁边的筱原先生，也是一副无精打采的样子。他是一个遇到什么事都诚实地反映在脸上的人，很容易看穿他的心情，毫无疑问，他一定在想："这是什么呀？"这样想过之后，我就在说明手册上开始写一些玩笑话，在大会司仪的照片旁开始试着画对话框，然后写上筱原先生的口头语"可能太性急了"；在自己的照片旁也画出对话框，写上"不是很理解"。接着更深一层从外面眺望我们自己陷入的状况，不是逃避，至少在当时那种情况下，试着一边诚实地努力对应，一边思考状况以外的事情。这样做了之后，渐渐看到了另外一幅局面。

在学术研讨会上，有时会出现滑稽的幽默，好像在演出一幕喜剧，如果场上飘起这样的场面，我想可能这幕喜剧在街区建设中不可或缺，街区的日常生活可能就是这样的。街区的时间与大都会相比，更显得休闲，除了关于街区建设方面的研讨外，在学术研讨会上流动着街区的时间，仿佛洗澡堂里的民间聊天，可以见到其中急急忙忙从大都会来的客人拥有闲暇时间的样子，这就是舞台上反复上演的喜剧故事。那就成为演员吧，去扮演一个被分配了任务的演员吧，早就不耐烦会议的缓慢进程了，看着周围发呆，被不断的发言议论搞得特别疲惫，还不如试着扮演一个大都会的人。

街区的规划建设是一个需要持之以恒的事业，人不可能突然改变，只是举办学术研讨会等于什么效果也没有。但是，喜剧如果有意思

見え方. 成り立ち. 見解 成立

プロセス. 过程

空間. 時間. 空间 时间

空間 / 産業 产业
馬 马
歴史 历史
風土 风土
時間 时间

ことを思い浮べる. 想起事情

級. 第2の敗戦 后 第二次战败

自画像 伦勃朗
自画像 レンブラン
セザンヌ 毕加索

行きどまり感. わかりにくさ. 返個性.
走到了死相同的感觉 不容易理解 没有个性

加賀の戦略化. 加贺的战略化
加賀を戦略化する. → 持っている駒の再確認
具有 小马的再确认 cf.Nat
再构成

史. → 自分のこと. 自己的事情 再構成

経済 戦争に負けた街が美しい.
败于经济战争的街区很美 试着丢掉能丢掉的事情
切り拾てうれ
後世に何を残すか. cf. 三栄 スーパー. を拾
给后世留下什么 cf.三井 超市

→ 自分自身を残すのは難しい. → 何かやってみる..
了解自己很难 试着做什么

①他人の目. から. 自分を見る. 别人眼中的自己 経済じゃなく 并有
②他の場所に行く. → cf Nat cf.Nat ゆったりと浩
前往其他场所 慢慢地

・京都. 山に囲まれている. cf 京都 vs. 筑波.
京都 被山围绕 cf.京都 vs 筑波

→ 川が必要 いい都市は 川. 水辺.
河流很有必要 好的城市需要河流、水边

①やってみて???? 试着做???
が参加
②便利さについて 关于便利性

大成 可見. 会合. 大成 可见 会合

景観設計 Lec 10:15-11:45 To
景観設計. Lec 10:15～11:45 TU
「20世紀デザインの流れ」 "20世纪设计的潮流"
3:00-5:00 土木协会 景观设计委员会
3:00～5:00 土木協会. 景観デザイン委員会.
Ts 6:00
→ Ts. 6:00 蠶山会館 → NAA NAA

6:00 JIA 大字根
6:00 JIA. 大字根.

午後 学会 午后 学会
加賀. 加贺
篠原. 内藤せん 篠原、内藤先生

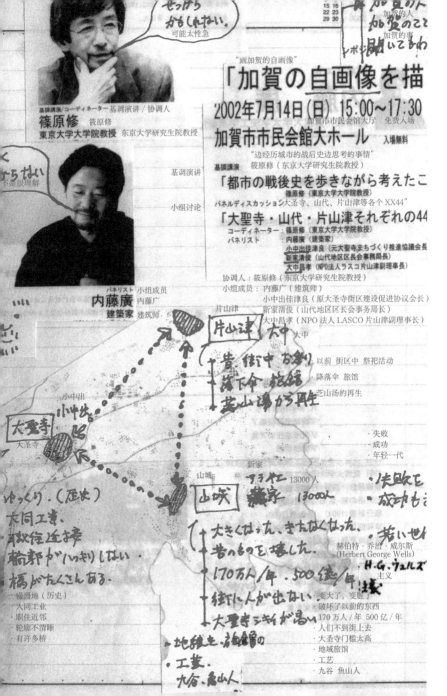

的话，应该能够吸引人来到剧场，然后被闲话逗得发笑，如果觉得这部喜剧有趣的话，可能会在其中找到自己的位置。这时我想过这可能就是街区建设的开始。

我在年轻的时候，曾被说成是某个剧场关系的重要人物。演戏其实就是将谎言变成真的，虽然所有的都是谎言，但有时在谎言的尽头，能够看到比想象还要鲜明的真实，所以很有意思。

学术研讨会也一样，讲台上的不是真实的，街上的人也好，从大城市来的人也好，都只是在扮演自己的角色而已。如果是优秀的演员得心应手地演出的话，喜剧就会变成上等的事情，对面的观众或许能够从围墙的缝隙里看见比街区建设更鲜明的真实。

报告会

所谓报告会，对于建筑师来说是实现自己理想的重要途径。建筑师为了向客户说明规划设计的内容，在有限的短时间内，有必要用简洁的语言、普通人也能够理解的表现以及使看的人注入感情的图纸来描绘，这就是报告会。

与客户的交流是否成功，决定着建筑的命运，有时也会左右建筑师的命运。在这里必须让大家理解的是，即使非常精通建筑的客户，也很难真正理解建筑师考虑的事情，为了更好地理解，可能会花费几周甚至几年的时间。

以前有"家如果不建过三栋就不会懂"的说法，这句格言是对的，不过前人在说天真话，放在现在，如果不是喝醉的狂人的话，是不会有人做这种费力的事的。如果是住宅的业主，仿佛就是一生只有一次的大冒险；如果是公共建筑，也是市长及知事任内的大项目；如果是商业建筑，对被聘用的有任期限定的社长来说，也不可能有好几次。也就是说，这是人生中只能遇到一回的事情，是决定胜负的事情。自己精神抖擞是理所当然的，因为所说的是普通人，大多数投入了错误的力气。实际上越是放手让别人做，我这边的工作越是棘手，但同时得到好结果的概率却上升了，因此我觉得让别人做没关系，这样建立起来的信赖关系比什么都重要。

委托人都很忙，报告会的机会以及时间也都有限，因此必须在短时间内能打动那个人，并获得他的信赖，否则项目会变得困难无穷。如果没有获得信赖，并且委托人也不满意，会给项目留下阴影；相反，如果获得了信赖，每个阶段的工作都会变得容易得多。因此，留下

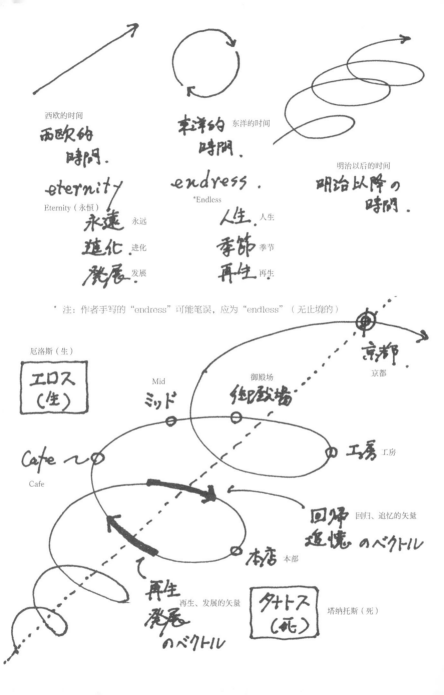

优秀建筑的建筑师都具备获得这样的成果的方法。

时常抱怨总是不能得到理解或者委托人的理解不够等，这是错误的，那是因为使人理解的努力不够，专业人员是不会说任何抱怨的话的。必须要有努力传达出没有表达出来的意思的觉悟，本来不可能的事情，也要做到努力使人理解。正是因为有了创造的醍醐灌顶之势，为了达到目的，毫不吝惜付出不屈的努力，并有必要建立起周到的设计战略。这是不是就是被称为智慧或者睿智的东西？

接下来这张示意图是在设计被称为"虎屋"的京都店铺时画的。"虎屋"在保持老店铺的同时，试图进行各种各样的展开，建筑怎样定位好？具有怎样的设计方向好？为了引出作为总责任人的社长的想法，我画了这张图。

首先，我提出了针对自己时间的展望。在以基督教世界观为基本的现代社会里，诞生了直线的时间愿景，说它是西欧的时间愿景也可以；但另一方面，佛教及印度教诞生了循环往回的时间愿景。一般来说，对于热爱季节变化的日本生活文化，后者的影响更深。

在这两个提示的基础上，我又提出明治以后的现代化理应将二者合为一体，所以才有了长年在京都为宫中服务、与明治天皇一起迁移到东京的"虎屋"的历史，不是吗？当然，我只是随便说说自己的想法，但是，我看见了一边来来往往，一边螺旋上升的样子，与不管什么时代都坚守传统，并勇敢挑战的"虎屋"的影子重合在一起。

在此之上，我在线上画了很多个店铺，将京都项目做了定位，如果这样可以的话，赋予自然与建筑的设计方向就应该定下来了。我将图放置在中央，以此与委托人进行了讨论，果然，要想超越建筑的委托人与设计者之间的功能分担共享形象的话，需要作为媒介的图。

真正意义上的报告会应该以共有意识为目的，提供材料，站在不同的立场上加深对项目的认识，修正隔阂的地方，从而共享思考方式，我不是很喜欢要说服对方的启蒙式报告会。我们准备的图纸及模型就像摆在餐桌上的饭菜，在宴会上，饭菜只是会谈的辅助品，如果以此对比的话，过分主观的报告会就没有必要了，要想轻松地没有压力地真心交谈般地做菜，总是需要有智慧的。

优秀设计奖

我做了 10 年的优秀设计奖（Good Design）的审查委员，这是一个每年有约 3000 件应募作品的大活动，而这个制度是在二战后不久开始的。当时由通产省¹主导，目的是为了通过振兴设计来强化产业的竞争力，从而获得外币储备。当然，是以日用品、家电制品及小汽车等为中心，但 20 多年前建立了建筑部门，不久我也加入到了审查委员的行列。与建筑学会及建筑家协会的奖不同，优秀设计奖的特征是当选的概率非常高，很轻松就能获得应募者。

之后，突然间我就成了审查委员长。这是件非常辛苦的差事，不只是通过审查选出获选者这么简单，还要发出信息，从大的方面来说，就是关于日本应有的设计方向性。另外，由在各领域极为活跃的明星设计师构成的审查委员团有 70 人之多，因为是设计，当然大家的自我主张强烈，思考方式各不相同，我必须要将这些人集中起来。更甚者，我还必须听取作为应募者的产业界的意见。

在享受这样有意思的事情之余，我感觉到了自己的弱点所在。作为审查委员时，只要管被分派的领域、认真负责、取得成果就好，但做了委员长就不能再这样下去了。纵观全局，"在 3 年的任期里自己到底要做什么？"必须这样旗帜鲜明地把握自己的状况才行，要问为什么，那是因为大家都在紧张地看着新上任的委员长在做什么。

结构改革，我想这是时代赋予我的职责。优秀设计奖的企划有众

---

1 通产省是日本的国家行政机构之一，主管工商、贸易管理及外汇、汇兑、度量衡等领域。

多的人竭尽全力而获得了大成功，但并不是没有问题，经过了50年的时间，确实积累了不少的诟病。当初的目标是产业振兴，从日用品开始，渐渐地覆盖范围越来越广，也就是由于反复增设，将我也加入到委员之列的时候，各领域的分类方法也变得看不清其本来的面貌了，不管是应募者还是审查者，都不是很清楚。于是，我试图将其再构筑，当然，在这个过程中，需要将设计的意义及作用再定义，这是大工作。

那时我画的就是这张示意图，将人放置在中央就是那时决定的。总体来说，将人置于中心是为了将产业振兴从到目前为止的供给者视角的论理制度改为消费者视角的论理制度，除此无他，也就是要将取自身边的所有设计，再一次从生活者的视点出发进行修正。

螺旋状的形象是恩师吉阪先生经常画的东西，他用螺旋状来说明人类的思考及人生观的发展过程，与人类相同，事物的发展成熟过程也像海螺壳一样地增殖。因为有这样的记忆，所以想画出来看看，人类位于中心，身边的改善按照居住空间、街区、城市、环境的顺序不断扩大，但实际上并不是这么简单的事，由于一直以来的惯例以及业界的束缚等，必须跨越的障碍常常超过预想。

几个审查委员聚集在一起，与事务局一起进行了深入的讨论，我也画了几张图。因为是有历史的大制度，短时间不可能全部获得改变，很多事情需要慎重斟酌后持续进行。然而，消费者站在接近未来的消费者立场上，对以人类为中心的相关事情毫不相让，如果真能贯彻下来，将是巨大的成果，结果真的是这样。这张示意图几乎看不到原有的样子，做了变形，但围绕该图形成的议论成为宝贵的财产。

我想示意图的作用可以有各种各样，将自己的思考方式以图的形式表现出来，是比用概念性的语言表达更有效的手段。首先，总是不断的讨论会让人疲惫不堪，另外，如果不是某一个人画了图，讨论也不可能开始。

在图上能反映出画图人无法用语言表达的个性，显示出提意见者的真面容，因此，要将议论现场的创造性活跃起来。能够理解思考的方法但不喜欢图，或者喜欢图但不能理解思考方式，在这种时候，讨论就变成立体的了，眼睛看得见的以及针对修改的意见也变得明确了。

结果这张图却没有被使用，修改意见一个接一个地提出，结果变成了完全不同的东西。即使这样也没关系，我想在讨论的过程中，既能显示出我想做的方向性，又能得到参加者的理解。就这样，将人类置于中心的做法作为最重要的策略一直保留到了最后。

- スタンス. 立场
- 方法. 方法
- 主题3个奖 确保3个
- テーマ 3個. 3は Keep.
- +α. +α
- 人间. 生活. 科学. 人类、生活、科学
- Demand Side. ← Supply Side 需求方←供应方
- イイモンダ 近年来
  近年来.
- 好东西
- デザイン 再定义 设计的再定义 领域
  领域

- デザイン ← 性能. 设计←性能
- コミュニケーション 交流

Vatet

?

- 施设. 土木 设施 土木
- 住宅. 住宅
- 家具照明 家、家具、照明
- 自行车 自行车、轮椅
- 自动车. バイク 汽车、摩托车
- 铁道 铁路、飞行器
  保行機
- 飞行机 飞机、船舶
  船舶
- 宇宙ステーション 宇宙空间站

ITok
office
家庭
for
Wii
wii

- 生态学
- 相互作用
- 宇宙的
- エコロジー
- インタラクション
- ユニバーサル

- 优秀的公司
- 需求方
- 地球
- エクセレントカンパニー
- デマンドサイド.
- 地球

- 供应方
  サプライサイド

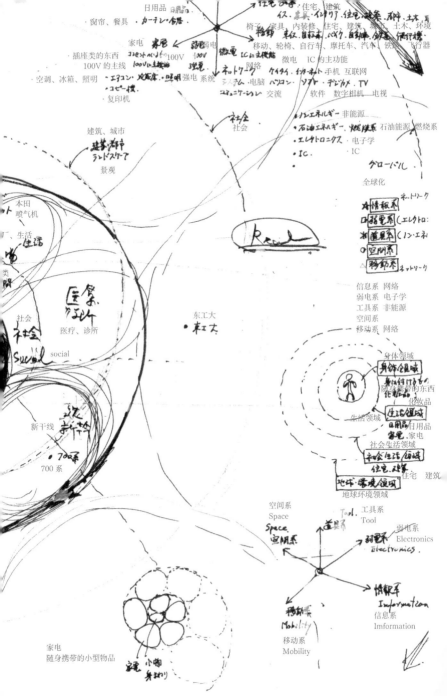

日用品 日用品

住宅、建筑
仪、家具、インテリア、住宅、建筑、都市、土木、
椅子、家具、内装修、住宅、建筑、都市、土木、环境

·窗帘、餐具 カーテレ、食器
家电 家电

移动 车体、自行车、バイク、自动车、汽车、鉄车 飞行器
移动、轮椅、自行车、摩托车、汽车、鉄车 飞行器

·插座类的东西 コンセントかいけの 100V
100V 的主线 100V の主线

微电 IC に主机能
微电 IC 的主功能

·空调、冰箱、照明 ·エアコン·冷藏库 ·照明 强电 系统
·コピー機
·复印机

ネットワーク 网络 ケイタイ·インターネト 手机 互联网
システム·电脑 パソコン·ソフト·デジカメ·TV
コミュニケーション 交流 软件 数字相机 电视

社会
社会

·クリエネルギー 非能源
·石油エネルギー·燃烧系 石油能源/燃烧系
·エレクトロニクス 电子学
·IC· IC
·

グローバル

全球化

建筑、城市
建筑·都市
ランドスケープ
景观

ネットワーク
情报系
ロ 弱电系 (エレクトロ:
※ 道具系 (シ)·エネ
○ 空间系
△ 移动系 ネットワーク

信息系 网络
弱电系 电子学
工具系 非能源
空间系
移动系 网络

本田
ノ 喷气机

厂、生活
生活

类 间

医 系
医 系

社会
社会
Sucial social

医疗、诊所
医疗、诊所

东工大
· 东工大

身体领域
身饰全领域
随身佩带的东西
作为延...
化妆品

生活领域
日用品 日用品
家电·家电

社会生活领域
社会生活领域
住宅、建筑

地球·环境领域
地球环境领域

新干线
新干
700系
700 系

空间系
Space
Space
空间系

道具系
Tool 工具系
Tool

弱电系
弱电系
Electronics
Electronics

情报系
Information
信息系
Imformation

移动系
Mobility
移动系
Mobility

家电
随身携带的小型物品
雑貨 小物
身边り

关于住宅

杂志社委托我写一篇住宅论，当时不知道写什么好，关于所谓的住宅价值，特别是建筑杂志上流行的也称为住宅幻想的价值，我总觉得有一种不舒服感，所以决定借这个机会写出我的思考，即到底住宅是什么。

一般人们相信住宅是为了家庭的居住而建造的，因此，为了叙述有关住宅的事情，必须要从家庭开始叙述，然而，一旦试着踏进去，就会出现许多奇怪的事情。以前有大家族制度，战后则出现了核心家庭，我以为就是这么简单吧，调查过后才知道事情多着呢。

到二战前为止，明治宪法确保了作为法律制度的家庭制度，在家庭里有一家之主的"家长"，家长拥有财产处理权和婚姻许可权等明确的权力。那时"家"是作为实态存在的，家长可以根据自己的意愿自由地处理财产，因此对继承拥有绝对的权力，孩子结婚的时候也必须得到家长的许可，这些都与今天大不相同。这个"家"的系统以具体的形式表现出来，所以才有了作为容纳"家"的"住宅"，"家"与"住宅"成了同一个概念。

明治宪法一直引导着以前的社会。我并不是要举时代剧的例子，但从江户时代或者那以前开始，所谓的家就是应该超越个人而被尊重的，从大名到庶民，主人家的大事构成了所有的价值。到了明治时代，不得不制定已经成了一种文化的法律，将"家"作为构成社会的最小单位。因此，明治宪法关于"家"的制度，可以说是从江户时代延伸来的。

不过，日本二战后制定了新宪法，主导者是以美国为中心的占领者，他们要优先解体的就是"家"的制度。家长位于顶点的小金字塔状组织，其上面是作为构成体的自治体，然后形成了金字塔状的一层压一层的阶层，最上面是作为国家的最高长官的天皇。因此，为了推翻这个体制，最重要的应该是拔除父权家长制的核心。

于是，在二战后的新宪法中没有关于家的定义，我们幻想中的"家"在法律上、在那个时期，已经被消灭了。由于没有"家"，"家"与"族"构成的家族实际上也不存在了，法律上被定义的只有"夫妇"、"亲子"，而作为集团的"家族"却没有被定义。即使这样，战后为了战争灾害复兴与经济复兴，住宅产业的发展成了必要，社会及产业使人们以为没有的东西像有了一样，而获得这样的东西宛如人生的最终目标，使人抱有幻想，就仿佛将胡萝卜伸到马的鼻子前一样，形成了经济的驱动力。

来到东京的劳动者推动了大规模居住区的需求，所以当时的住宅公团提出核心家庭的口号，将其融入团地的 LDK 生活方式中。并且，在郊外广大的居住用地上建造住宅成为人们的梦想，工薪阶层通过住宅贷款购房，然后利用退休金偿还贷款，这成为一种生活固定模式。就这样，长达半个世纪的住宅产业不考虑居住与生活的本质问题，只提出有魅惑力的幻想，成为经济杠杆的支点发展起来了。

我一边叙述着这样的过程，一边埋头整理思绪，于是画了下面这张图。我试着使大家族到核心家庭的过程视觉化，虽然我知道实际上有很多的变化，但通过这张图，我觉得可以从根本上体现出家族的变迁。

在我写的文章中，我以问句"构成社会的新的最小单位的摸索时期是不是到来了？"作为结语。我建立了一个假说：如果是一起吃饭的一个整体，是不是也可以叫做食族呢？但我没有任何根据。

"3·11"发生后，本来已经失去的家族的存在方式又一次浮现在我的脑海里，我想可能重新正面修正关于家庭制度的时期到来了，为此，首先必须开始从根本上否定幻想，并将其从既有观念中摈弃掉。

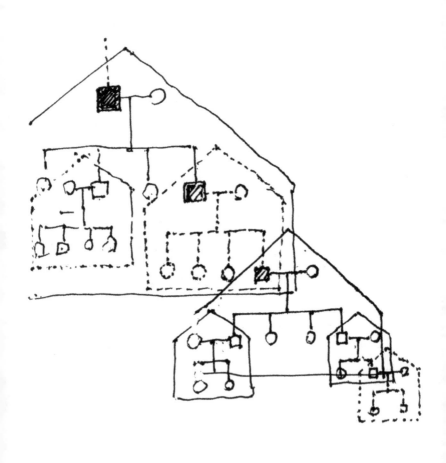

Architecture与Design

< 第一张图 > 将事物与人联系起来

后来我开始讲授结构设计课程，现在来看，可能是打破陈规旧俗的不合规矩的课程，我不教授基础知识，而是基于我自己的个人经验，慢慢地认真地讲解系统化的实实在在的知识。年轻人还是想创造出用自己的头脑思考的、没有经过任何加工的东西。

说话的概要就是在一定程度上记下要点临场发挥，如果过于认真准备的话，说话就会变得僵硬。而讲课至少是现场的、生动的，如果是通用的知识，只要读书学习就可以了。在互联网上，存在着一个谁都能上网并获得信息的社会，如果是单纯的信息，到处都是。我想，讲课并不是传达单纯的知识信息，在其背后传达的是传达者的姿态以及节奏，所以在大部分的场合，我都在讲述直观思考的事情。

东大的学生首先拥有了从父母那里继承来的高级头脑，之后就应该自己思考，自己调查，这是我的基本方针。这仿佛是从讲坛上发出的挑战，像我一样的傻瓜都能思考的事情，你们更应该能够深一步地仔细思考。我想不管怎样，从学术角度来看，我的讲课都不算有规矩，但是我不后悔，这样就好。

我认为，在事物与人的联系中存在着称为建筑的行为，在此基础上，组合地球上相应的素材，创造人们生活的环境，这就是建筑的作用。而结构担负着其中最基本、最重要的作用，成为连接事物与人的基台。那时画的就是这张图，当要传达想当然的知识时，我注意到其实自己都不是很清楚，这才意识到自己的无知。所以说，向别人传授知识也是在教育自己。

< 第二张图 > 事物·人·Architecture·Design

第二张图是在几年后画的，基本的宗旨没有改变，在此基础上加上了设计的要素。在结构设计课程告一段落时，我成了优秀设计奖的审查委员长。由于担负起指导本国设计方向的一员，这次演讲关于设计语言的意义，要使大众媒体，也就是一般的人容易理解，所以我必须在短时间内来说明。

用自己并不灵光的头脑思考，没有理由想出这么多图式，那时我想到的方法是，改良在结构设计课上向学生做说明用的图。并不是想具体描述这张图式，而是在头脑中形成这张图式，以此为基础进行设计说明：所谓设计，是连接事物与人的行为。

如果试着深入思考的话，会领会到在本质上建筑与设计像一对双胞胎兄弟，在制造东西的所有层面上，总是不即不离的关系，在这个过程中，只是作用与比重的大小在变化。如果认为双方均是统括这个过程的概念，自然而然就可以画出这样的图式。不同的人之间存在多多少少的差异，但不论作品也好，示意图也好，进而建筑也好，城市也好，我想大抵都可以用这张图式来说明。

< 第三张图 > 事物·人·Architecture·Design·斜线

做了大学教师后，被驱动着提出了各种企划，在通常的课程以外，有特别讲座，有时还有以研究生院的硕士生与博士生为对象的主题汇编讲座。由于对听讲的学生没有限制，从文科到理科，范围很广，原则上讲什么都可以，但以工学专业性较强的内容为讲座内容却不行，这里反而特别困难，所以我决定讲公共基础课水平较高的内容。

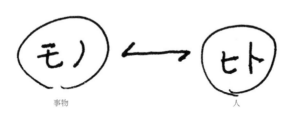

< 第一张图 >

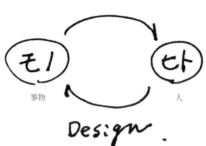

< 第二张图 >

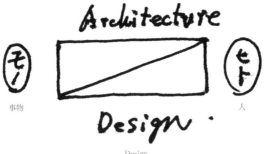

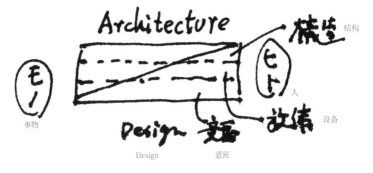

<第三张图>

<第四张图>

那个时候，首先在黑板上画的就是这里的第三张图，虽然学生作业应以报告形式提出，但我让学生针对这张图将自己的思考写下来。尽管是单纯的图，但要达到这种程度，大量的试行错误是必要的，我想结合自己的经验来讲，这样的话不成问题。

建筑本是我的专业，我有深入浅出地讲演的自信；关于设计，由于担任了多年优秀设计奖的审查委员长，我又具有通晓最新动态的背景，因此，我想自己无论如何都能胜任。几个月前必须公布讲座主题，我没有经过深入思考，就提出自己要讲关于"建筑"与"设计"的定义及现状，本不是轻易就能决定的事，过后才发现，这是多么大的一个主题呀！

我从图书馆里借来明治22年的词典《工学字典》，调查了叫做建筑的这个词，知道是从明治时代开始出现的，但没有正确地与Architecture这个词相对应。这部词典虽然是面向学习工学的人，但Architecture这个词被翻译为"营造术"，而实际上Architecture是一个抽象名词，应该翻译成"构筑的意志"或者"被构筑的概念"。这个偏差成了建筑混淆于作为具体物质存在的Building所对应的建筑物的远因。由于基本的语言就很奇怪，所以我国没有培养起真正的建筑论也就不奇怪了。

另外，设计这个词翻译得也不准确，于是我将设计与Architecture这个词合起来，通过图式化进行了再定义。从有名的设计师开始，到设计相关者，我问他们设计这个词的定义，从来没有得到过明确的回答，尽管设计这个词被广泛使用，但实态是设计这个词本身好像就没有确切的定义。

实际上在日本长期以"意匠"这个词正式与设计相对应。意匠在明治以前表示和服的纹样，纤维是明治维新后日本出口的主要产业，为了卖给外国，必须整备与欧美并行的专利权，所以制定了"意匠法"。那之后，Design 就被称为意匠了，再后来，渐渐地没有人从正面问Design 是什么了，Design 就这样原封不动地变成了设计这个词，因为意匠是在法律上被赋予的词，Design 与使建筑与建筑物相混淆的Architecture 的来历有所不同，但同样没有本质的区别，都是使用外来语到了思想停滞的状态。

"建筑（Architecture）"也好，"设计（Design）"也好，原意都是抽象的概念，在明治时期翻译的时候，其抽象性被剥除，变成了暧昧的词语。已经过去了 100 年，对于没有回归西欧发源的原意，我依然不能释怀，但是，以暧昧的意义来使用，语言的经久性却是明明白白的。这些词被用在各个方面，被引向各个方面，变得完全腐朽化了，更不用说如果这些词相互关联的话，大家更如堕云雾了。

如果没有确切的定义，在讲述这样的事情时，我试着用这张图来表示自己是这样想的，是这样来定位的。作为翻译过来的词语，在既成概念中暧昧地存在着的"建筑""建筑物""意匠""设计"等词语，我没有插手介入，而是在图中使用了 Architecture 与 Design 这样原始的词。不论是 Architecture 还是 Design，我想都是"连接事物与人的东西"，所不同的只是连接的方式：Architecture 拥有技术，并将事物向人的方向引导；与此相对，Design 至少是站在人的心理角度，吸引着事物。缺少了任何一方，事物都到达不了人的面前，二者是表里一体的东西。

"建筑"与"设计"像双胞胎兄弟一样，担负着连接各种各样的事物与人的任务，在连接事物与人的过程中，不管切开哪一个横断面，双方虽比例不同但有关联。"建筑"更偏重于构成，处于事物的一侧，统领着素材、结构、技术;而"设计"更偏重于感觉，处于人的一侧，统领着心理、感性、欲望。在接近事物的地方，以建筑性思考为中心，而在接近人的地方，设计性思考较强。

如果将 Architecture 视为"像构筑意志一样的东西"，Design 就可以理解为"像解构意志一样的东西"，这两个概念总是相互争斗，将应该超越的矛盾带到创造事物的过程中，结合相互的反应，从而变为动力。可以认为，Architecture 是男性思考的化身，Design 是女性思考的使者。看着这张图，我想起了各种事情。

< 第四张图 > 事物·人·Architecture·Design·斜线·结构·设备·意匠

从大学退休前，我分七次讲了"形态设计"课程，那时画了第四张图。在这个课堂上，我更为深入地细化了Architecture 与 Design 的图，可以随着课程的进展来说明。

我想到退休为止，要向学生传授完关于结构、设备与环境、形态的产生等方面的知识，所有这些从我自己的经验里获得的专门技能。所以在退休前的三年里，我分别讲了第一年的"结构设计课程"、第二年的"环境设计课程"、最后一年的"形态设计课程"，讲这三个方面基本就是全部了。在这里，我试着估算了这三个课程在图中所占的分量。

在课堂中，我试着向学生们说明这些是构成这张图的建筑基本要素:结构、设备、形态。在课程的前段，我已经向学生们郑重宣布了，这些原本是很难得出漂亮结论的对象，通常会有独断与偏见。这只是我自己的一种看法，这样的思考需要有勇气来展示，但我相信能够帮助他们独立地思考。当然，也存在非常痛苦的地方，但不管怎样，我想应该合乎道理吧。

在事物与人、Architecture 与 Design 之上，再加上斜线，我画出了将四角形水平横切的线，离 Architecture 近的上段写上"结构"，中段是"设备"，离 Design 近的下段写了"意匠"。大体上是这样的感觉吧。

接下来的课程上，我向学生们说明，斜线随着时代变迁，会向上偏斜或者向下偏斜。例如在哥特时代，为了使结构技术更加卓越，斜线会向下方偏斜，就是说靠近 Design 方面的要素会变少；相反，在巴洛克时代，相比技术，是以人为中心的，所以斜线向上方偏移。我利用这张图说明了上述情况，图好像很有效。

三个广场

一个不经意的机会，促成了大学研究室和南美的哥伦比亚共同合作，进行建筑设计。

那时的哥伦比亚正被 10 多年的游击队、恐怖活动、可卡因贩毒组织所烦扰，处于事实上的内战状态。在 21 世纪的初期，从恐怖活动到诱拐杀人事件，据说每年发生达 6000 件。这几年由于乌里韦（Álvaro Uribe Vélez）总统的积极干预政策成功奏效，情况正不断地得到极大的改善，但即使这样，每年发生的各种事件仍有 600 件之多。哥伦比亚第二大城市麦德林也在法哈多 (Sergio Fajardo) 市长的强势领导力下，状况有了明显好转，贫民区的治安恢复后，那里建起了孩子们学习用的图书馆，这样的教育政策使其支持率达到九成以上。由哥伦比亚政府与东大的教育联携项目牵线，最后的第五座图书馆希望由日本人设计，最终由我所在的研究室担任了设计任务。虽然是值得做的工作，但也是冒生命危险的项目，到达麦德林市后，从飞机场走出两个带着机枪的武装警察。

虽然处于这样的地方，当时的副教授中井祐、助教川添善行，当然还有我，也许都在想："为什么会出现这样的状况呢？"觉得特别不可思议。其实理由很简单，因为哥伦比亚人的性格很伟大，虽然处于困难时期，但仍然开明地对未来抱有希望与热情。而反观我们，虽然充满了经济的繁荣，却失去了很多东西，我好像在他们中间重新又看到了那些东西。

该用地与其他图书馆所处的位置不同，印象中是从贫民区的中心移到了偏远的地方，乍一见，就是一个没有任何特色的商业区，后来听说以前这个区域是街巷战非常激烈的场所。用地夹在两条平行的道路之间，自然要规划一座连接两条道路的建筑物，但怎样做才好始终没有决定下来。研究室的学生们制作的模型，每一个都具有其有意思之处，但始终没有一个满意的作品，原本对于建筑物的形态怎么样都可以，大家却都想创造作品，不对，好像大家都认为必须创作出作品来。也就是说，既是一个小国家的项目，也因为大学代表作的机会来临，不能单纯注重有意思的想法来设计建筑，如果是像学生作业那样的建筑物就算了。

在我说想设置三个广场的时候，自己并没有确信的理由，任何情况下，面对学生们的小志向也不得不闭嘴。形成人群聚集的场所比什么都重要，正因为这样，我很想向他们传达出这个唯一的目的，因此我冒险地提出，"我想设计的是外部空间，是一个具有个性的广场。"根据用地的规模与形状，应该需要三个广场吧，以此为形象，设计一座能够与此相配的建筑物，再将广场相连就可以了。

在建筑物的形态还没有决定的时候，我画了这张手绘图：面对着丰富的绿色的"绿之广场"，图书馆及画廊等围合起来的"水之广场"，以及正对着连续排列的商店街的"人群广场"。保留有老杏树的"绿之广场"，由围绕着大面积水面的回廊构成的"水之广场"，举行活动的"人群广场"，这样不错。

在原来的西欧风格，特别是西班牙风格的构想中，并没有创造场所、连接并融合场所气氛的浓淡来形成空间的想法，我想正因为有明确的类型，才形成了建筑所要传达的信息。在殖民地，要想统治外来民族，必须体现出自己民族文化的明确形式，而创造场所，就是要呼唤出被支配并控制的场所的守护神，此外无他，因此，应该没有这样的想法。但是，那个时代已经过去了，统治与被统治的关系也不像以前那样是绝对的，而且现任市长改善了贫民区，使得恐怖主义的温床消失了，我想这是安定市政及国政不可或缺的条件。

此外，我觉得哥伦比亚的温暖气候也与这个思路相吻合，温度全年维持在 25 ~ 28℃之间，麦德林位于海拔 1500m 的高地，日照强烈，如果有水面和林荫，一年中都会很舒适。在这样的场所里，人与自然共生。

在这 10 年里，我经常会想起创造场所的思考方式，因为我觉察到，原本应该是场所文化的日本，在西欧化、美国化的过程中，一点点地失去了场所。建筑及城市也一样，必须要守护场所，创造场所，通过这样的工作，我可以感觉到这些东西。我在日本一直思考的事情，不知道是否与哥伦比亚的现状相符，心里多少有些不安，但是还是很好地契合了当时的状况。

向市长做了说明后，他对这个想法表现出极大的兴趣。那时已经在贫民区里建起了四个图书馆，每一个都仿佛是建筑师设计的标志建筑物，每一个都不错，也有很难得的作品，但特意委托日本人来设计，我想他一定期待一个不同的建筑。创造场所的想法是否突破了表面意义？最初画的这个构想直到最后也没有改变。

这个图书馆在五个图书馆中最有人气，是一个成功案例，利用者每天超过 3000 人。

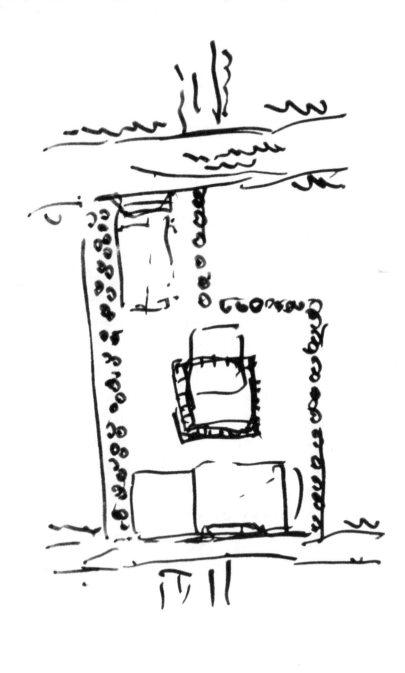

我是在 2011 年 5 月 1 日画的这张手绘图，3·11 大地震后大约过了将近两个月，电视上一直不断地播放三陆及福岛的画面，报纸上也都是关于地震灾区的报道。由于大量的信息铺天盖地而来，我总觉得有一种与信息量不成比例的沮丧感，如果出了什么事，大概就会像这样变得社会化吧，然而这样好吗？

这时，通过一些委员会及各种活动，我开始做关于复兴三陆的项目，并成为决定岩手县防潮堤高度以及存在方式的委员会成员。同时，我与伊东丰雄先生、山本理显先生、隈研吾先生、妹岛和世先生等一起成立了私密性的"归心会"，开始启动复兴支援行动。手边虽然有各种信息，但也与电视、报纸上的一样，信息量越来越大，真实感却越来越远，就像站在地震灾区的土地上讨论与思考一样，有一种说不出的抹不去的不舒服感。

正在这时，松冈正刚先生来跟我说他有一个企划，想展示一些艺术家及设计师画的关于地震灾害想法的手绘图。虽说必须画点什么，但接连几天完全没有灵感出现。有一天，我毫无目的地浏览着报纸，眼睛突然停住了，上面登载了一张三陆的大地图，其右下方写着 25673 人，这是截至那个时刻死亡与失踪的人数，警视厅公布的。后来，这个数字虽然随着一天天过去而不断地减少，但仍是那个时刻的正式数字。

我想起地震后，人数从千人到几千人，再到一万几千人，数字不断地增长，我感觉自己被这个巨大的数字惊呆了，但接下来一天天变得习惯了。一个一个生命，任何东西无法代替的生命，虽然不应该是能用数字表达的，但当数字变得巨大时，好像就产生了另外的理论与感觉，人的思想会跟着向那个方向转变。

那个时候，我想试着把这个数字一个点一个点打一遍，因为觉得自己只要做着三陆的项目，就不能把它作为抽象的数字来对待。当然，也没有理由去理解那样的事，但对于自己来说，好像有种要用自己的脚去亲自测量一遍的感觉。

为了体验数字的巨大，我总是用红色 Vcorn 签字笔在纸上打点，因为想有一个整体的形象，就打在一张纸上，从计数的地方开始打起来。在 1cm 的正方形格子里打 7 列点，一个方格就是 49 点，然后 523 个方格乘以 49 点再加 46 点，总数就是 25673 点。

我打完全部的点用了整整三天。刚开始打的时候还很认真，能有意识地来打，渐渐地就习惯了，习惯以后在不知不觉中点就打乱了，然后我记起来这是一个一个的生命，于是再接着认真打。这样反反复复，当超过了 10000 点时，手和脑都累了，仿佛在祈祷似的，和写般若心经一样，当我达到心平气和时，仿佛从缝隙间窥见了自己的心境。

打完了点后，我觉得特别地不可思议，当看到了媒体公布的数字时，心里一点没有感动。我理解了头脑不知道，但身体知道的意义，因为在脑子里的数字瞬间就陷入了抽象的思考方式，但通过手感觉到的数字会成为身体的记忆留在心里。

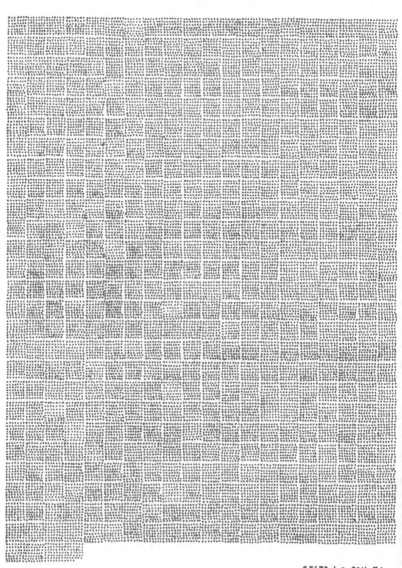

25673 dot 2011.5.1
NAITO

总之，只要想到了什么，我都试着画下来，即使刚开始理解得有错误，通过画图的过程，也可以帮助加深理解，并对目标事物有切身的体会，这就是这样做所起的作用，除此无他。因此，就算看上去毫无意义的事情，我也毫不犹豫地先构想并画一下看看，即使被无视被嘲笑也没关系，这是为自己所做的，我不介意。

这张手绘图是在3·11大地震后，4月中旬第一次踏上三陆的地震灾区时画的。对于海啸的破坏情况，这是我第一次亲眼见到，它与阪神淡路大地震后的神户市区以及新潟县中越地震后的山古志村的模样都不同。在神户，破坏力来自震源的垂直下方，灾害比较轻微，并且我的注意力都被火灾所吸引；而在山古志村，我留有深刻印象的是在中间发生了严重的山体崩塌和滑坡。

与此形成对比的三陆，不用说海滨地区遭受的海啸灾害特别严重，而且在我的记忆中，被水淹过的地方和没有被水淹过的地方差别巨大，如濑户沿岸被水淹过的地方遭受了严重的破坏，而相邻的没有被水淹过的地方，民宅好像什么也没有发生一样，静静地立在那里。也就是说，受灾地区的界限明显，这是最初给我的印象。然后我立刻想到的是，正因为受灾地区有一条明确的线，线的内侧只能被行政特区指定为整体救灾对应地区。

这张图是我坐在返程的新干线里画的。我最先考虑的是距离受灾线300m的事，因为没有理由在不曾遭破坏的受灾线外侧建造建筑，所以应该在受灾线的内侧尽可能靠山边的地方重建街区吧，如果真是这样，就变成要在受灾线内侧的带状地区进行规划。在第二次世界大战后的战争灾害复兴规划中，东京都极有能力的城市规划科长石川荣耀曾提出了一个有意思的假说：爱情能够接收到的范围是300m。石川着手的著名项目有中野的 Sun Road 以及浅草寺周围的商店街，都是 300m 左右。

我本身也参与过几个街区建设项目的咨询工作，基本也是提出以300m 为基准，这样肯定不会出错。这样想过之后，我决定将以避难目的为前提的重建区域设定为 300m 范围。这个数字后来被纳入到我参加的岩手县委员会的成果中，再后来又出现在国家复兴委员会的建议中，变为"大约徒步 5 分钟范围内的避难距离"发表了。

从图中 300m 的受灾线一侧画出一条 50m 的虚线，作为与既有市区之间的缓冲带，在 300m 的另一端再划出一条 50m 的虚线，作为设置上下水道及电气等基础设施和道路的区域，虽然在邻近渔港的地方画了支撑居民生计的办公及商业设施，但这里的建筑物应有的存在方式等需要进行相当的讨论才行。

这个方案是从与具体的建筑表现以及城市愿景无关的地方出发规划设计的，虽然是我在头脑中想象着陆前高田市来画的，但是缺乏实际的位置及尺度的妥当性，只是复兴规划的一个模式构想而已。如果要将其准确地套用到现实中的话，存在着大量必须解决的课题，法律、经济、历史风土、地势要因等所有问题都会出现。

我想，这一年里一定出现过不少针对灾区的提案，如果看到过灾区的悲惨景象，又是从事与建筑及城市相关的人，谁都会想要做些什么的，然后画出图，提出方案。但遗憾的是，与灾区能产生共鸣、从纯粹的动机里诞生出的大多数规划方案应该都没有实现的可能。这次的情况比较特殊，必须抛开一切来思考，这不是拥有具体形态的梦想，我想提醒大家，方案中要提出结构与构成要素，所以我画了这张图。

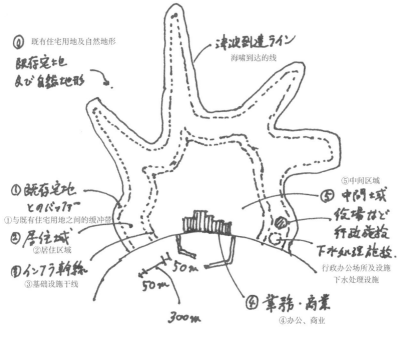

⑥ 既有住宅用地及自然地形

既存宅地
及び自然地形

津波到達ライン
海啸到达的线

① 既有宅地
とのバッファー
①与既有住宅用地之间的缓冲带

② 居住域
②居住区域

③ インフラ幹線
③基础设施干线

⑤中间区域
⑤ 中間域
役場など
行政施設
下水処理施設.
行政办公场所及设施
下水处理设施

50m
50m
300m

④ 業務・商業
④办公、商业

④办公、商业、与港湾相关设施，
5 层以上建筑，RC 造

①通向高台的避难动线、公园化

① 高台への避難動線.
公園化.

②住宅、集合住宅、教育设施、
文化设施、行政设施

② 住宅・集合住宅.
教育施設・文化施設・行政施設

③ 道路・電気・水道・下水などインフラ.
並木・歩道・サイクル道.

③道路、电气、水道、下水等基础设施、
林荫大道、步道、自行车道路

④ 業務・商業・港湾関係.
5階建て以上・RC造

⑤ 中間域
産業立地 + 農業
⑤中间区域，产业定位 + 农业

半格（Semi-lattice）结构与树状（Tree）结构

克里斯托弗·亚历山大（Christopher Alexander）提倡的半格理论在我们是学生的那个时代极为流行，捕捉到了那个时代的街区及社会。在20世纪70年代初，学生运动的热情还没有减退，相比于国家位于顶点、下面覆盖了庞大组织的树状社会结构，作为对抗价值的半格状社会结构更受欢迎。最初亚历山大有怎样的想法不得而知，但是由于嬉皮士、反传统人士以及伍德斯托克摇滚等标榜反战的美国青年文化的大流行，可以想象会得出与此相同的氛围。我们也感受到这股潮流，在并不理解半格结构到底是什么样的情况下，仍然狂热地议论着。

可以上互联网的网络结构最早来自军队技术，不管哪里断线了，要想重获功能都需要一个冗长的过程，这是它的一个特征。所以现在想来，在基本上如同网络结构的半格结构中，并不能知道从哪里到哪里是反权力。而被认为是反权力的事物，意外地可能与体制思考的中心相似，世上预料之外的事不可能单纯地形成。

那之后，在全国开始流行的街区建设运动中，半格结构的规划方式成为有良心的规划师常用的方法，不是高高在上俯瞰地区，而是像在地上爬行一般解读当地场所的特质，构筑起关系性的一种做法。不断举行居民参与研讨会的方法现在已成为必然的程序了，对街区建设来说，是为了创造一种新的半格结构关系而采取的仪式。不过遗憾的是由于仪式化，渐渐有一种使研讨会的内部行政考虑正当化的隐忧，颇具讽刺意味，真实意义上的研讨会越来越少了。

在这里展示的图是3·11大地震后，尽管自己没有被委托去做什么，但我仍然考虑过的事情，即要怎样重建灾区。所谓街区建设，有必要像脑细胞的神经元一样理清各种关系，如果可能的话，像神经元一样自律地形成有机网络比较好，不过，却要花费与规划不相符的相当长的时间。以前的社区应该通过很长时间才培育起关系性，而复兴不能等，现在没有等的时间。然而，即使不涉及人的纤细心理，大体的关系性还是必要的，地区的自治也需要有一种结构，我想至少是像半格结构一样的形式吧。

但是，要想复兴由海啸造成的大规模破坏，除了构筑起能使受伤害的人重新站起来的良心关系网之外，不得不行使旧体制的国家机能，这或许不是本地区的人所愿意的，但也是不可避免的现实。通过法律控制预算来进行经济支援，既是理所当然的事，也是国家行使功能的工具。国家通过官僚机构投下巨大的复兴预算，借此，的确应该出现巨大的树状结构。

如果真能采用树状结构的话，地区网络就会慢慢形成，防波堤、道路、建筑物等硬件的复兴可能成功，但街区，即有机的地区间关系性等软件也许再也看不到再生的那一天了。对该地区的人来说，安全是最重要的，此外，作为能依靠的生活场所，社区的再生比什么都重要。

那么，能否使半格结构与树状结构并存呢？我从这个切实的问题入手，画了这张图，既是平面上展开的半格结构，也是赋予活力的树状结构，从立体上来看，二者之间不应该存在矛盾。也许是过于单纯的认识方法，但通过画图，我获得了其可能性的具体形象。

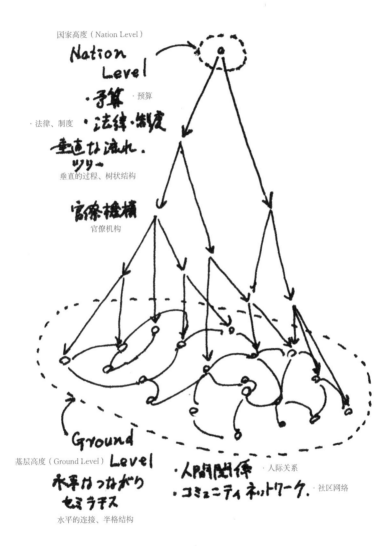

国家高度（Nation Level）

Nation Level

·予算 ·预算

·法律、制度 ·法律·制度

垂直な流れ.
ツリー
垂直的过程、树状结构

官僚機構
官僚机构

基层高度（Ground Level）
Ground Level

水平けっながり
セミラチス
水平的连接、半格结构

·人間関係 ·人际关系
·コミュニティネットワーク. 社区网络

志向与金钱

"不要金钱，不要名誉，不要烧酒，不要女人，只希望秃头上长出毛发来"，我很喜欢这样的都都逸[1]诗句。其实很幸运，家族里没有随着年龄的增长而为毛发烦恼的基因，但不知怎么，我喜欢这种豪放的说法。这是很久以前的事了，一边开车一边听收音机的时候，我听到了这样的诗句，于是抄写了下来，可能会有一些偏差。不太肯定，好像是中野重治晚年的都都逸诗，后来，为了辨别对错，我特意做了一番调查，但还是没有搞清楚。我想，可能是他在某个酒宴上喝醉了，才吐露出了这样意气风发的诗句吧，仿佛想变成一个暴力团无法无天的老头。遗憾的是我不喝酒，也没有理由偏离到这么远。

大家可能都知道，设计事务所表面好像是非常酷的行业，作为事业属于没有限制的零碎部类，虽然担任文化的一个分支的高志向类别，但在赚钱方面却异常辛苦。虽然事务所能够支付不算丰厚的工资，但到了月末该支付的时候，我还是很担心，这样的想法非常沉重，几十年来一直陷于维持状态。虽然作为私人小企业有一个优点，就是如果建立事务所的当事人不想关门的话，事务所就不会倒闭，但却是效率非常低的工作。

之所以效率低，是有其原因的。如果丢掉志向与良心，可以提高很多效率，只要认真听取客户的意见，满足其愿望，耐心忍受其不

---

[1] 都都逸是日本江户末期由初代都都坊扇歌集大成的口语定型诗，遵循七七七五的音律数，大多描写爱情。

讲道理的地方，整理出图纸来就好，不需要很多的精力；但只要有一丝的"至少也要作出一个好作品来"的闪念，就会变得颇费脑筋。只是一点点的差别，而就是这一点点的差别成为一种文化，只要陷入进去，就是建筑师的不幸。

客户的性格及经济状况千差万别，土地的条件也各不相同，对于一个定制的独特产品，量身定做是唯一可行的办法，尽管不符合现代的生产模式。项目越做越多，做法越来越遵从良心，志向越来越高，经济效率就会越来越低。可以说这种做法与资本主义经济的方向背道而驰，是进入现代社会以前的工作方法，因此很难赚到钱。

有时也有一些不必费太多心思整理出成果即可的项目，但即使客户没有提出意见，我也会想着要做出对得起自己良心的好作品来，所以总是觉得还应该做得更好，不知不觉中就摸索到了最后期限。即使是一般的方案，我也总是反反复复地推敲，不断积累新的理论，这时效率就只有一半了；接着对得出的结论进一步验证，效率变得只有三分之一了。这种废寝忘食的工作方法成了我们这一行做生意的一个习惯，如果认为是美德会很幸福，但冷静地思考一下，的确是效率低下的做法。

事务所里的年轻职员们即使不是本意，也常常奉献出了自己的青春彻夜工作，如果不停地加班或加倍劳动超越了世上的常识所限，那么就向建筑物的质量方面又跨近了一步，所以我们是握着客户的手在工作。唯一的回报是客户的感谢，并不一定能获得客户的理解，有时客户会一直表达不满，但这也是没有办法的事，因为不是客户提出的，而是我们自己严格要求努力做的。

在这里，我谈谈志向与金钱的事。如上所述，建筑设计从一种职业的观点来看，就像武士这种职业，武士在没有饭吃的时候也表现得好像吃得很饱，实际上设计工作也是这样，是一种需要忍耐的工作。有时也有想放弃的时候，这时我的脑海里就会响起一个声音:"已经做到了这个地步，就再坚持一下吧。"于是，我勇敢地迈出下一步。在我年轻的时候，恩师吉阪先生常说 :"当感到迷惑的时候，就问问良心。"所以我不能逃避。因为有这句勉励的话，我想人生无论怎样都是快乐的。恩师也会给弟子留下赎罪的话。

这样剖析自己而画的就是下面这张图。心绪纷纷地画了这张图，变化不定的忧郁世界也变得晴朗了。

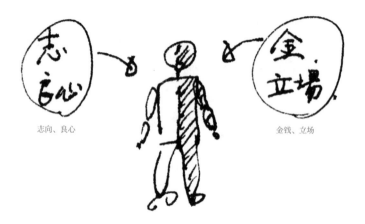

志向、良心　　　　　　　　　　　　　　　金钱、立场

后记

在我们的这个时代，不论是谁，在构思项目的时候都会画示意图一类的东西，我将这些图整理成书来出版也是有原因的。在大学工作的时候，我经常跟学生们打交道，意外地发现学生们不太擅长画示意图，我觉得可能是因为今天的学生不擅长表达自己的想法，唯恐被发现与其他学生的意见不同。示意图不仅是引导思考的手，同时也是赋予自己思考方式的框架，表明自己立场的东西，能使自己的想法更清晰。我想，学生们不擅长，也是因为示意图离他们太远的缘故。

本书虽然以示意图为中心，其实也是描述我自己画图时的想法的思考史，不是高高在上的思想史，而是思考的轨迹，试行错误的轨迹，是思考史。试着写出自己是这样想的，即对思考方法的再确认，也是给予自己一个重新认识自己的机会，而且这样做了之后，也能重新再确认画图的重要性。

本书中已经提到过，我在学生时代从恩师吉阪先生那里获得了一句箴言："必须使手与脑有交流，否则没有意义。"与年轻时候的自己相比，现在的自己可能取得了一些进步，但仍然没有达到那样的境界。现在想起来，先生曾经留下了很多示意图，从容易理解的到很难理解的，多数至今仍然起着重要作用。有意思的是，虽然画的都是一些普通的事情，但每一张图中都刻有先生强烈的个性印记。既普通又有自己的个性，这是达人们的领域，我画的东西还没有达到这个境界，还差很远呢。

有一个特殊理由令我想出版本书。我与一个编辑老朋友中神彦君想一起出一本书，他比我小10岁左右，是我在出任某杂志社的编辑时认识的，20多年的朋友了，也是我还处于无名小卒的时候认识的朋友。

他是一个从不大声说话的温和的人，谁都喜欢他，而且共同合著有一个好处，就是在思路枯竭的时候有一个强大的后盾支持。他具有从不轻易气馁的韧性，这样的坚持不懈任谁都要脱帽致敬。他是近年来脱颖而出少有的具有强烈个性的编辑，不论公私，都是一个可以商谈的朋友。

但是，在韧性中隐藏着身体的极限，以前他经常工作到很晚，然后就在办公地点留宿，作为他的朋友，我非常担心。大概在十多年前，是他转职到彰国社后的事了，他患上了十万分之一概率的一种疾病，应该是年轻时候工作超过了极限造成的吧。后来有过多次的住院、出院的经历，在周围不间断的异样目光中，他尽职于编辑工作的姿态始终没有崩溃。这简直是拼命地工作，我在担心他的身体的同时，不得不佩服他的职业精神。

与他的交往主要围绕编辑方面。他担任书籍的编辑后，总说要一起出书，但一直没有实现。我们二人是在七八年前决定的，那以后这个念头常常在脑子里一闪而过，但由于不断增加的工作及约稿，一直拖到现在。我心里觉得很对不起他。

如果与他一起出书的话，以前就决定了要出一本以图为中心的随笔，因为觉得这是涉及我与他的共同工作的书。他经常站在读者的立场上要求能够容易理解，不允许有建筑师独断的偏好。容易理解的图表应该是他要求的，另外，他还提出了所写内容应该有的深度。我不知道本书是否符合这些要求，但我打算尽量在文中插入清晰直白的图来帮助说明。

我以前就决定到了年龄就从大学退休，退休后有了时间，我可以一气呵成，完成书稿，但我错了。在大学的最终课堂开始的30分钟前，就发生了3·11大地震，后来由于救灾关系的各种事情，我变得更忙了。对于灾区的对应上，虽然正从紧急救援阶段转移到真正的复兴阶段，但还看不到尽头，应该还需要很长的时间。

如果是这样，所有已经开始并完成了大半的悬案必须解决，用一只眼眺望地震灾害，用另一只眼眺望作为建筑师的思考方式，最后写成的就是这本书。因此，在文章的各处应该可以反映出"3·11"以后的某种感慨及气氛，"3·11"后马上画的图也被收入本书。

三陆也好，福岛也好，均存在于我们看不见未来大时代的风浪中，就像文字所表达的那样，迷失在混乱的黑暗中摸索的时代里，没有给予我们领航下一个时代的思考及指标。如果是这样，那么我想，正因为这个时代，我们任何时候都有必要继续确认自己思考的立场。作为暗盒里感受下一个时代的工具，大家必须画出以形态表现思考的示意图，以此表明其内心及思考方式。我相信，在未来一定会诞生下个时代许多人共享的指标。

"知道自己笨拙的绘画水平，还要给大家看的就是这样的东西吗？"很想笑吧，如果真这样想了，下一次就轮到你了。我就是我，我想开始思考下一个手与脑的交流了。

作者简介

内藤广（Naito Hiroshi）

1950　神奈川县横滨市出生

1974　早稻田大学理工系建筑专业毕业

1976　早稻田大学研究生院硕士课程完成

　　　费尔南多·伊盖拉斯建筑设计事务所工作（西班牙马德里）（—1978）

1979　菊竹清训建筑设计事务所工作（—1981）

1981　（株）内藤广建筑设计事务所设立

2001　东京大学研究生院工学系研究科社会基础工学副教授

2002　东京大学研究生院工学系研究科社会基础工学教授

2010　东京大学副校长（—2011）

2011　东京大学名誉教授、校长室顾问

［主要作品］

1992　海之博物馆（三重县鸟羽市）

1997　安云野Chihiro美术馆

　　　茨城县天心纪念五浦美术馆（茨城县北茨城市）

1999　牧野富太郎纪念馆（高知县高知市）

2001　伦理研究所 富士高原研修所（静冈县御殿场市）

2005　岛根县艺术文化中心（岛根县益田市）

2008　日向市车站（宫崎县日向市）

2009　高知车站（高知县高知市）

　　　虎屋京都店（京都府京都市）

2011　旭川车站（北海道旭川市）

[主要著作]

1995　《素形的建筑》INAX出版

1999　《面向建筑的开始》王国社

2004　《建筑性思考的方向》王国社

2006　《内藤广室内景观的细部》彰国社

　　　《建土筑木1 构筑物的风景》《建土筑木2 河的风景》鹿岛出版会

2008　《结构设计讲义》王国社

2009　《建筑的力》王国社

2011　《环境设计讲义》王国社

　　　《NA建筑家系列03 内藤广》日经BP社

　　　《内藤广与青年们 围绕人生的18个对话》（东京大学景观研究室编）鹿岛出版会

译者简介

王笑梦

本科毕业于浙江大学，日本东京大学博士。曾担任过日本东京大学助教、（株）市浦设计北京首席代表、北京大学建筑设计院都市设计研究所所长等职位，现为北京工业大学教师。长期从事城市设计、居住区规划、住宅设计、老年人设施等方面的实践与理论研究工作，著有专著《北京市老年公寓体系的构建研究》《都市设计手法》《住区规划模式》，编著《SI住宅设计——打造百年住宅》《日本老年人福利设施——设计理论与案例精析》，以及译著《英国住宅建设——历程与模式》，并参与主编《新型城镇规划设计指南丛书：新型城镇·住区规划》及编写《绿色住区标准（CECS：2014）》等。

马　涛

本科毕业于厦门大学，日本东京大学博士。曾担任过辽宁省海洋水产科学研究院助理研究员、日本东京大学研究员等职位，现为北京乌梦建筑设计咨询有限责任公司研究员、设计主创。在生命、生态科学和住区规划、住宅设计、老年人设施等不同领域具备多年的研究与实践经验，著有编著《日本老年人福利设施——设计理论与案例精析》以及译著《犬岛家计划》等。

著作权合同登记图字：01-2013-8028号

图书在版编目（CIP）数据

内藤广的"脑"与"手"／（日）内藤广著；王笑梦，马涛译．— 北京：中国建筑工业出版社，2021.11
ISBN 978-7-112-26677-7

Ⅰ．①内…　Ⅱ．①内…　②王…　②马…　Ⅲ．①建筑学－研究　Ⅳ．①TU-0

中国版本图书馆 CIP 数据核字(2021)第 208872 号

Japanese title: Naito Hiroshi no Atama to Te
by Hiroshi Naito
Copyright © 2012 by Hiroshi Naito
Original Japanese edition published by SHOKOKUSHA Publishing Co., Ltd., Tokyo, Japan
本书由日本彰国社授权我社独家翻译、出版、发行

责任编辑　张幼平　刘文昕　费海玲
书籍设计　瀚清堂　张悟静
责任校对　赵　颖

内藤广的"脑"与"手"
［日］内藤广　著
王笑梦　马涛　译

中国建筑工业出版社出版、发行（北京海淀三里河路9号）
各地新华书店、建筑书店经销
南京瀚清堂设计有限公司制版
北京富诚彩色印刷有限公司印刷

开本：787毫米×1092毫米　1/32　印张：6¾　字数：180千字
2022年12月第一版　2022年12月第一次印刷
定价：58.00元
ISBN 978-7-112-26677-7
（37655）

版权所有　翻印必究
如有印装质量问题，可寄本社图书出版中心退换
（邮政编码 100037）